U0140761

新时代
科技
新物种

ChatGPT
大模型

技术场景与商业应用

梅磊　施海平　陈靖　著

ChatGPT Big Model
Technical Scenarios
and Commercial Applications

清华大学出版社
北京

内 容 简 介

ChatGPT 作为人工智能领域的一大进步，引起了热议，其强大功能的背后离不开大模型的支持。大模型指的是参数规模超过千万的机器学习模型，主要应用于语音识别、计算机视觉等领域。

本书聚焦大模型，对大模型的技术场景和商业应用展开详细叙述。本书主要从典型应用 ChatGPT 入手，探寻其背后支撑大模型的魅力。首先，本书对大模型的基础概念、产业格局、带来的新型商业模式进行讲解，展现了大模型的发展现状和商业化潜力。其次，本书从数据服务、智能搜索、办公工具、对话式 AI、休闲娱乐、生产制造、智慧营销、智慧城市等方面讲述了大模型的诸多应用场景，并阐述了大模型在这些领域的应用现状、应用潜力、企业探索实践等。

本书内容丰富，理论与实践案例结合，能够为对大模型感兴趣的企业管理者、创业者、投资者等深入研究大模型提供指导。

图书在版编目（CIP）数据

ChatGPT 大模型：技术场景与商业应用/梅磊，施海平，陈靖著． —北京：清华大学出版社，2023.11
（新时代·科技新物种）

ISBN 978-7-302-64817-8

Ⅰ．①C… Ⅱ．①梅… ②施… ③陈… Ⅲ．①人工智能 Ⅳ．①TP18

中国版本图书馆 CIP 数据核字（2023）第 206085 号

责任编辑：刘 洋
封面设计：徐 超
版式设计：张 姿
责任校对：王荣静
责任印制：曹婉颖

出版发行：清华大学出版社
   网 址：https://www.tup.com.cn，https://www.wqxuetang.com
   地 址：北京清华大学学研大厦 A 座   邮 编：100084
   社 总 机：010-83470000   邮 购：010-62786544
   投稿与读者服务：010-62776969，c-service@tup.tsinghua.edu.cn
   质 量 反 馈：010-62772015，zhiliang@tup.tsinghua.edu.cn
印 装 者：大厂回族自治县彩虹印刷有限公司
经 销：全国新华书店
开 本：170mm×240mm   印 张：13.75 字 数：213 千字
版 次：2023 年 12 月第 1 版   印 次：2023 年 12 月第 1 次印刷
定 价：79.00 元

产品编号：103607-01

前　言

当前，以 ChatGPT 为代表的生成式 AI 应用引起了人们的广泛关注，其背后的核心支撑大模型也吸引了诸多目光。大模型正在变革科技领域，开创全新的智能时代。

作为 AI 技术发展的重要成果，大模型的优点显而易见。大模型具有很强的泛化能力和多样化的生成能力，可以处理不同类型、庞大的数据集。同时，其可以学习数据的特征和规律，预测未来趋势和行为。此外，大模型可以与各种 AI 应用结合，应用于搜索、生产、营销等众多场景中。

大模型优势突出，不少企业都加快了布局大模型的脚步，并公布了当前的大模型研究成果。例如，阿里巴巴发布了"通义千问"大模型，并表示旗下产品将陆续接入这一大模型，以提升产品的智能性；百度发布了"文心"大模型，并基于文心大模型推出了"文心一言""文心一格"等产品。此外，不少细分领域的头部企业都推出了聚焦行业应用的行业大模型。例如，携程发布了旅游行业的垂直大模型"携程问道"，思谋科技发布工业大模型开发与应用底座 SMore LrMo 等。

在大模型研发与应用的潮流下，越来越多的企业想要布局大模型，但不知道如何入手。针对这些企业的这种需求，本书应运而生。本书以 ChatGPT 为切入点，对大模型进行详细解读。

本书共 12 章，对大模型的相关知识进行深入讲解。

其中，第 1 ~ 4 章从通用人工智能的典范 ChatGPT 切入，引出其背后的核心支撑——大模型，并对大模型的核心要素、产业格局、带来的新型商业模式 MaaS 等进行讲解，帮助读者了解大模型的概念与发展历程、当前的生态体系、新型商业模式 MaaS 对商业生态的重构等。

第 5～12 章从不同的细分角度切入，讲解了大模型给数据服务、智能搜索、办公工具、对话式 AI、休闲娱乐、生产制造、智慧营销、智慧城市等领域带来的变革，并讲解了大模型在这些领域的应用。大模型与这些领域的结合，不仅改变了这些领域的业务模式，以新应用助力行业降本增效，还带来了新的商业机遇。越早抓住大模型发展机遇、积极应对的企业，就越有可能实现"弯道超车"，在新时代的竞争中占据优势地位。

总之，大模型正处于飞速发展阶段，各大科技企业都朝着大模型领域拓展。在众多企业的助力下，大模型将在更多领域发挥重要作用。本书全面讲解了大模型的技术场景和商业应用，理论与案例相结合，值得对大模型感兴趣的企业管理者、创业者、投资者等人士阅读。

目 录

第 1 章　**ChatGPT：通用人工智能的典范**

1.1　追根溯源：ChatGPT 是什么　2

　　1.1.1　ChatGPT：AI 驱动的自然语言处理工具　2

　　1.1.2　从 GPT-1 到 GPT-4，ChatGPT 的前世今生　3

1.2　通用能力：ChatGPT 四大功能　5

　　1.2.1　内容智能生成：基于海量数据生成多种内容　5

　　1.2.2　智能搜索：ChatGPT 颠覆传统搜索方式　7

　　1.2.3　智能翻译：支持多种语言批量翻译　8

　　1.2.4　赋能智能机器人：提高服务质量，提升智能性　9

1.3　GPT-4 引领通用人工智能风口　10

　　1.3.1　通用人工智能成为 AI 发展的下一阶段　11

　　1.3.2　大模型：实现通用人工智能的最佳路径　12

　　1.3.3　OpenAI 公布通用人工智能规划　13

第 2 章　**大模型：ChatGPT 的核心支撑**

2.1　底层架构 + 运行机制　16

　　2.1.1　底层架构：Transformer 模型　16

2.1.2　运行机制：大规模预训练 + 微调　　18

2.2　发展历程与发展趋势　　19

2.2.1　从单语言预训练模型到多模态预训练模型　　19

2.2.2　通用大模型和垂直大模型并行　　20

2.2.3　ZMO.AI：聚焦营销领域的 AI 大模型　　22

2.3　大模型三大要素　　24

2.3.1　算力：支撑大模型训练与推理　　24

2.3.2　算法：大模型解决问题的主要机制　　25

2.3.3　数据：大模型训练的养料　　27

2.4　大模型带来的三大改变　　28

2.4.1　突破定制化小模型落地瓶颈　　28

2.4.2　降低 AI 开发和训练成本　　29

2.4.3　带来更强大的智能能力　　29

第 3 章

产业格局：大模型生态体系雏形已现

3.1　大模型产业生态体系的三层架构　　32

3.1.1　基础层：数据 + 算力 + 计算平台 +

开发平台　　32

3.1.2　模型层：多方参与，推进大模型建设　　34

3.1.3　应用层：面向用户生成多样化应用　　36

3.2　玩家涌入大模型赛道，产业趋于繁荣　　37

3.2.1　谷歌：引领潮流，推出大语言模型 PaLM 2　　37

3.2.2　百度：基础大模型 + 任务大模型 + 行业大模型　　38

3.2.3　中国科学院自动化研究所：推出 "紫东太初"

大模型　　40

3.3 产业发展趋势：大模型开源成为风潮 40

3.3.1 因何开源：防止垄断 + 数据保护 + 降低成本 40

3.3.2 多模态化：多模态开源大模型成为趋势 42

3.3.3 开源社区涌现，成为开源大模型聚集地 44

3.3.4 华为：以开源 AI 框架赋能大模型 46

第 4 章

新型商业模式：MaaS 重构商业生态

4.1 MaaS 模式拆解 50

4.1.1 概念解析：MaaS 是什么 50

4.1.2 MaaS 模式产业结构 51

4.2 MaaS 模式在 B 端的商业化落地 52

4.2.1 聚焦高价值领域落地 52

4.2.2 开放 API，助力企业产品迭代 54

4.2.3 以平台助力，提供一站式 MaaS 服务 55

4.3 MaaS 模式在 C 端的商业化落地 57

4.3.1 MaaS 模式在 C 端落地的三大路径 57

4.3.2 智能硬件成为承载个性化大模型的主体 59

4.3.3 云从科技：面向 C 端发布"从容"大模型 60

4.4 MaaS 模式成为大模型厂商的核心商业模式 61

4.4.1 订阅制收费 61

4.4.2 嵌入其他产品获得引流收入 62

4.4.3 开放 API 和定制开发收费 63

第 5 章

大模型 + 数据服务：引爆数据服务市场

5.1 大模型趋势下，数据资源需求增加 66

5.1.1 数据标注服务需求爆发 66

5.1.2 数据训练需求带动版权 IP 需求爆发 67

5.1.3 中文在线：成为多家大模型厂商的合作伙伴 67

5.2 合成数据：为大模型提供优质数据源 69

5.2.1 高效、低成本、高质量的数据 69

5.2.2 应用场景：自动驾驶 + 机器人 + 安防 70

5.2.3 多家科技巨头布局合成数据业务 71

5.3 大模型时代，数据服务市场迎来竞争热潮 72

5.3.1 海天瑞声：开放数据集 + 打造标注平台 72

5.3.2 拓尔思：以数据优势探索大模型落地路径 74

5.3.3 浪潮信息：积极推进大模型研发 75

第 6 章　**大模型 + 智能搜索：打造互动溯源搜索方式**

6.1 大模型怎样变革搜索方式 80

6.1.1 搜索方式变革，智能互动式搜索将出现 80

6.1.2 生成式搜索，提供丰富内容 82

6.1.3 知乎发布大模型，探索智能搜索 83

6.2 搜索引擎融合大模型成为企业切入点 83

6.2.1 微软：New Bing 布局 84

6.2.2 谷歌：搜索引擎升级与大模型研发 85

6.2.3 百度：扛起生成式搜索的"大旗" 86

6.3 搜索引擎变革下的广告和电商 88

6.3.1 搜索广告更加个性化 88

6.3.2 电商跨模态搜索成为现实 89

6.3.3 亚马逊：以大模型赋能电商搜索 90

第 7 章　**大模型 + 办公工具：解放办公劳动力**

7.1　大模型优化多场景办公体验 96

7.1.1　邮箱场景变革：邮件智能分类、撰写、回复 96

7.1.2　大模型赋能文档内容创作与 PPT 创作 98

7.1.3　大模型融入管理系统，提升管理效率 99

7.1.4　大模型赋能代码生成，降低开发门槛 100

7.2　OA 成为大模型应用切入点 101

7.2.1　OA 是企业信息化核心系统 101

7.2.2　OA 系统的五大功能引擎 102

7.2.3　大模型与 OA 系统融合成为趋势 105

7.2.4　Microsoft 365 Copilot：大模型与办公软件

结合的探索 105

7.3　企业布局，抢占大模型办公先机 107

7.3.1　科技巨头以大模型入局办公软件领域 107

7.3.2　科技巨头以大模型为办公软件企业赋能 109

7.3.3　印象笔记自主研发轻量化大模型 111

7.3.4　讯飞星火认知大模型为办公赋能 113

第 8 章　**大模型 + 对话式 AI：提升 AI 产品智能性**

8.1　对话式 AI 的竞争走向体系化 116

8.1.1　对话式 AI 的三大技术要点 116

8.1.2　提高对话式 AI 底层模型的构建效率 118

8.1.3　大模型赋能对话式 AI 生成个性化内容 119

8.1.4　大模型加持，对话式 AI 实现进化 120

8.1.5　客服 Robot：企业级机器人出现 121

8.2　文本机器人接入大模型　　122

8.2.1　大模型丰富知识库，提升 AI 理解能力　122

8.2.2　应用场景：智能问答 + 智能客服　123

8.3　语音机器人接入大模型　　125

8.3.1　破解"命令式交互"瓶颈，升级互动体验　125

8.3.2　应用场景：智能音箱 + 语音助手　127

8.4　多模态机器人接入大模型　　128

8.4.1　大模型驱动多模态机器人发展　129

8.4.2　大模型与工业机器人结合雏形已现　130

8.5　虚拟数字人接入大模型　　131

8.5.1　大模型重新定义虚拟数字人　131

8.5.2　大模型助力，实现个性化虚拟数字人打造　132

8.5.3　元境科技：多模态虚拟数字人亮相　133

第 9 章　**大模型 + 休闲娱乐：升级用户娱乐体验**

9.1　大模型下，游戏行业迎来多重变革　　136

9.1.1　大模型解放游戏行业生产力　136

9.1.2　大模型支撑下的游戏引擎迎来发展　138

9.1.3　英伟达：为游戏开发者打造定制化 AI 模型　140

9.2　大模型给影视行业带来发展机遇　　141

9.2.1　3D 模型助力影视内容生产　142

9.2.2　百度首发大模型"电影频道 - 百度·文心"　142

9.3　大模型赋能音视频制作　　144

9.3.1　大模型释放 AI 音乐生产力　144

9.3.2　大模型实现文本转视频和数字人视频生成　145

9.3.3 腾讯音乐：加强大模型在音乐领域的探索 147

9.3.4 通义听悟：带来全新音频、视频体验 149

第 10 章　**大模型 + 生产制造：工业领域智能化程度加深**

10.1 通用大模型与工业大模型 152

10.1.1 通用大模型走向工业大模型 152

10.1.2 工业大模型破解工业生产多种发展瓶颈 153

10.1.3 工业大模型底座：为制造企业赋能 155

10.2 大模型融入生产制造流程 156

10.2.1 工业 3D 生成：生成工业模型，

赋能工业设计 156

10.2.2 融入生产系统：贯穿计划、制造全流程 158

10.2.3 工业机器人进一步发展 159

10.2.4 盘古大模型：开启智能生产新范式 160

10.3 "大模型 + 自动驾驶"激活汽车制造业 161

10.3.1 自动驾驶算法：多个模块的集合体 161

10.3.2 大模型赋能自动驾驶各环节 163

10.3.3 科技巨头构建自动驾驶通用系统 164

10.3.4 汽车制造企业自研大模型，积极入局 166

10.3.5 魔方 Rubik 大模型：汽车智能制造新探索 167

第 11 章　**大模型 + 智慧营销：助推营销方式变革**

11.1 多场景落地，大模型提升营销效果 170

11.1.1 打造智能客服，提供个性化客户服务 170

11.1.2 构建智能推荐系统，提升产品转化率 172

11.1.3 助力智能质检，提升企业营销效果 173

11.1.4　助力智能投顾，给出专业化建议　174

11.1.5　京东大模型：助力企业精准营销　175

11.2　大模型实现营销内容人机共创　176

11.2.1　创意生成：生成定制化营销创意　176

11.2.2　内容生成：生成多元化营销内容　177

11.2.3　超级员工：大模型能力加持，构建数字员工　178

11.2.4　三人行携手科大讯飞，打造营销大模型　180

11.3　大模型重构营销业务　181

11.3.1　多方面重构，营销业务升级　181

11.3.2　智能电商成为电商发展新方向　183

11.3.3　大模型时代，金融服务营销模式创新　184

11.3.4　中关村科金：探索大模型在金融领域的应用　187

第 12 章　大模型 + 智慧城市：推动城市数字化升级

12.1　大模型多场景赋能智慧城市建设　190

12.1.1　优化资源配置，推动城市高效运转　190

12.1.2　预测交通状况，转变交通管理模式　193

12.1.3　降水预测大模型，实现气象预报精细化　195

12.2　城市安防：大模型引领安防创新　196

12.2.1　大模型助力安防智能化　197

12.2.2　多模态大模型成为智慧安防新风口　198

12.3　探索智慧城市应用，企业在行动　200

12.3.1　"文心一言"大模型 + 哈尔滨：推进城市
　　　　智慧化建设　200

12.3.2　"孔明"大模型，实现城市治理增效　202

12.3.3　"通义千问"携手"灵锡"，加深数字化
　　　　城市探索　204

ChatGPT：
通用人工智能的典范

第 1 章

随着技术的发展，人工智能应用取得了巨大突破。2022 年 11 月，由 AI 驱动的自然语言处理工具 ChatGPT 横空出世，以高性能和巨大的应用潜力吸引了全球关注。越来越多的人开始思考，ChatGPT 究竟能够带来什么？

通用人工智能指的是具有广泛的智能性、能够处理多种任务的智能系统。作为通用人工智能的典范，ChatGPT 的出现不仅改变了人机交互方式，还对各行各业的发展产生了深远的影响。本章将对 ChatGPT 的概念、通用能力、GPT-4 大模型进行讲解，全面拆解 ChatGPT 背后的大模型。

1.1 追根溯源：ChatGPT 是什么

作为一款性能强大的 AI 大语言模型，ChatGPT 上市后引发了各界的关注。ChatGPT 火爆的背后，离不开人工智能研究公司 OpenAI 的不懈努力。同时，ChatGPT 强大性能的背后，也离不开 GPT 系列大模型的迭代。

1.1.1 ChatGPT：AI 驱动的自然语言处理工具

ChatGPT 是一款由 OpenAI 推出的、AI 驱动的自然语言处理工具。它通过深度学习技术进行训练，可以完成各种自然语言处理任务，如多轮智能问答、文本生成、语言翻译等。

ChatGPT 的核心逻辑是通过模型训练学习语言的规律，模型训练是基于网络上的书籍、新闻、文章、博客等海量文本数据实现的。基于此，模型能够掌握语法、海量词汇，理解上下文之间的关系。模型会通过无监督学习的方法学习各种语言知识，并通过海量文本数据推测语言中的规律。这使得 ChatGPT 成为一种强大的自然语言处理工具，能够理解、生成各种内容。

用户与 ChatGPT 对话时，ChatGPT 会接收用户输入的文本信息，并对信息进行处理。模型将基于这些文本信息的预测结果转化为文本形式，作为回答反馈给用户。在这个过程中，模型理解语言的能力、生成回答的能力都会不断迭代进化，并根据与用户的交流不断调整回答。

但是 ChatGPT 生成内容也存在一些局限性。模型基于训练数据进行学习，如果数据中包含存在偏见、错误的信息，模型会基于此产生存在偏见或者错误的回答。为了解决这一问题，OpenAI 不断地使用更高质量的数据优化语言模型，设计更加完善的监管机制，以提高模型的可靠性。

综上所述，ChatGPT 是一款基于大规模文本训练的大语言模型，可以基于自然语言理解、深度学习等技术，理解和生成各种内容，完成多种自然语言处理任务。

1.1.2 从 GPT-1 到 GPT-4，ChatGPT 的前世今生

ChatGPT 的出现和发展离不开 GPT 系列大模型的支持。GPT 全称为 Generative Pre-Trained Transformer（预训练生成式转换器），是一种生成式预训练 Transfomer 模型。从初代版本的 GPT-1 到 GPT-4，GPT 系列大模型的性能和能力持续迭代，ChatGPT 在这一发展过程中出现并不断进化。

1.GPT-1

2018 年 6 月，OpenAI 发布 GPT 系列大模型的初代版本 GPT-1。GPT-1 在训练过程中依赖数据标注以及模型微调，语言泛化能力不足。GPT-1 并不是一种通用语言模型，更像一种处理特定语言任务的专用模型。

GPT-1 的模型训练分为两个阶段。首先，通过无监督学习进行预训练，生成语言模型。其次，根据问答、自然语言推理等特定任务的要求，对模型进行微调。GPT-1 在处理多种语言任务方面有不错的表现，在问答、自然语言推理等方面超越了之前的语言模型，可以根据提示或上下文生成流畅的回答。但是，GPT-1 在生成文本方面存在局限性，如容易生成重复性文本、无法对多轮对话进行推理等。

2.GPT-2

GPT-2 于 2019 年 2 月发布。相较于 GPT-1，GPT-2 是一个泛化能力更强的语言模型，具有一定的通用性。GPT-2 的通用性体现在可以应用到多种任务场景中，且不需要经过专门的训练。相较于 GPT-1，GPT-2 可以通过对大规模数据的预训练，具备解决多种语言任务的能力。

GPT-2 能够生成连贯且自然的文本，但在复杂的文本推理、上下文理解等方面存在缺陷，难以在较长的文本输出中实现上下文连贯。

3.GPT-3

GPT-3 于 2020 年 5 月发布。GPT-3 在训练过程中引入了 in-Context Learning（上下文学习），即在训练模型时，在输入的文本中加入多个示例，引导模型输出相关内容。in-Context Learning 包括三种学习模式，分别是零样本学习、单样本学习和少样本学习。其中零样本学习指的是没有示例，只给出提示；单样本学习指的是只给出一个示例；少样本学习指的是给出多个示例。in-Context Learning 的优势在于，可以让模型从示例中进行学习，无须进行模型微调和数据标注，降低模型训练成本。

GPT-1 的参数为 1.17 亿个，GPT-2 的参数为 15 亿个，GPT-3 的参数量有了显著提升，高达 1750 亿个，是一个规模超大的语言模型。在机器翻译、智能问答等自然语言处理任务中，GPT-3 都有出色的表现。同时，在海量参数的支持下，GPT-3 能够完成更加复杂的任务，如生成新闻报道、生成代码等。

GPT-3 功能强大，但存在滥用的风险，一些不法分子可能会基于 GPT-3 生成虚假新闻、恶意软件等。

4.GPT-4

2023 年 3 月，OpenAI 发布了 GPT 系列大模型的新版本 GPT-4。相较于之前的版本，GPT-4 在各项能力上有了质的突破。除了文本生成能力、对话能力等大幅提升外，GPT-4 还迈出了从大语言模型向多模态模型转变的第一步。除了文本输入外，GPT-4 还支持图像输入，可以实现图像优化、图像转文字等。

在图像识别和理解方面，GPT-4 可以实现图像输入，理解图像内容并生成相关分析。例如，GPT-4 可以根据一张草图，生成一个完整的网站；可以根据食品照片，分析出其制作过程；可以根据植物照片，分析植物的病症等。

在内容生成方面，GPT-4 可以生成歌曲、绘画作品、剧本、营销文案等，内容更加专业。在内容创作过程中，GPT-4 能够模仿不同用户的创作风格，满足用户的个性化需求。

GPT-4 的推理能力也有了大幅提升，在各种专业考试中展现出了与人类相当的推理水平。例如，GPT-4 通过了美国律师资格考试，得分超过 90% 的考生。

此外，GPT-4 接受了大量恶意提示的训练，具有更强的内容辨别能力，在内容真实性、风险可控性方面有了一定的进步。

回顾 GPT 系列模型的发展历程，从 GPT-1 到 GPT-4，GPT 系列模型的性能实现了质的飞跃。ChatGPT 在 GPT 系列模型发展的过程中应运而生。初代 ChatGPT 搭载的是 GPT-3.5 模型，可以完成智能对话、文本内容生成、图片内容生成等多种任务，但推理能力和智能性有待提升。而在 GPT-4 模型出现之后，ChatGPT 在内容创作、图像理解、逻辑推理等方面的能力都实现了飞跃，这为 ChatGPT 的广泛应用奠定了坚实的基础。

 ## 1.2 通用能力：ChatGPT 四大功能

ChatGPT 的通用能力主要表现在四个方面，分别是基于海量数据的内容智能生成、区别于传统搜索方式的智能搜索、支持多种语言批量翻译的智能翻译和赋能智能机器人。

1.2.1 内容智能生成：基于海量数据生成多种内容

基于对大量文本数据的预训练，ChatGPT 能够更加智能地理解和生成语言，完成各种内容生成任务。同时，基于 GPT-4 强大的深度学习能力，ChatGPT 可以从海量数据中提取信息，优化模型，提供更加智能的解决方案。

ChatGPT 在内容智能生成方面的表现十分出色。它主要可以生成以下几种类型的内容，如图 1-1 所示。

图 1-1 ChatGPT 可以生成的内容类型

1. 文本生成

在文本生成方面，ChatGPT 生成的内容十分多样，可以根据用户提问与用户对话、搜索海量教学资料生成教案、根据新闻采编内容生成新闻报道、根据小说内容完成小说续写等。

2. 图像生成

在图像生成方面，ChatGPT 可以根据用户指令生成相关图像。在此基础上，ChatGPT 还可以接收用户指令，对图像的细节进行调整。ChatGPT 也可以根据用户要求生成图文结合的海报、画报等，还可以生成复杂的设计图样。以建筑效果图为例，用户只需输入建筑物尺寸、材料、颜色等信息，ChatGPT 便可根据这些信息生成逼真的建筑效果图。

3. 音频生成

ChatGPT 可以生成流畅的语音内容：一方面，ChatGPT 可以实现自然、真实的语音合成，用户可以根据自身需求定制个性化的语音风格；另一方面，ChatGPT 可以实现多样的音频创作，如编曲、音乐创作、生成音效等。

4. 视频生成

在视频生成方面，ChatGPT 可以根据用户的要求生成富有创意的视频，助力用户创作。以制作短视频为例，用户需要准备好短视频脚本、音频素材、文字等，同时在脚本中说明各种素材的使用场景。ChatGPT 能够根据用户输入的脚本生成个性化、符合用户需求的短视频。

视频软件 Wondershare Filmora 在其网页版中上线了智能脚本小助手功能。该功能以 ChatGPT 为支撑，可以智能生成故事、演讲稿、两人对话等多种脚本，为用户创作短视频提供助力。

5. 游戏生成

在游戏生成方面，ChatGPT 能够提供多种助力。ChatGPT 可以提升游戏内 NPC（Non-Player Character，非玩家角色）的智能性，生成自然的对话内容，提升玩家的互动体验。ChatGPT 也可以实现游戏剧情的智能生成。ChatGPT 可以助力游戏人物背景、故事剧情等内容的创作，并生成游戏地图、关卡、道具等。总之，ChatGPT 可以大幅提升游戏开发的效率。

6. 代码生成

借助自然语言处理技术，ChatGPT 可以快速了解用户需求，生成满足用户需求的代码。用户可以将烦琐、重复的代码生成任务交由 ChatGPT 处理，提高代码生成效率。同时，ChatGPT 生成代码支持用户自定义模板，便于用户调整代码生成的规则和格式。

ChatGPT 在内容智能生成方面具有生成内容自然流畅、生成多元化内容高效等特点。同时，ChatGPT 还能够根据用户需求生成定制化内容，满足用户的个性化需求。

1.2.2 智能搜索：ChatGPT 颠覆传统搜索方式

AI 的发展使得搜索引擎发生重大变革。ChatGPT 将颠覆传统的搜索方式，实现智能搜索。

传统搜索引擎将用户输入的关键词与资料库中的关键词进行匹配，并按照一定的算法对结果进行排序。然而这种方法存在搜索引擎无法理解复杂关键词、无法解析长文本、缺乏交互能力等弊端。

而 ChatGPT 催生一种新的智能化搜索方式，实现搜索引擎与用户的自然交互。ChatGPT 在智能搜索方面具有以下优势。

（1）精准搜索。与传统搜索引擎相比，基于强大的自然语言处理能力，ChatGPT 能深刻理解用户的搜索意图，提供更加精确的搜索结果。

（2）个性化搜索。ChatGPT 能够结合用户的个人信息、浏览记录和搜索偏好，为用户提供个性化搜索结果，满足用户的需求，提高用户的体验。

（3）对话式交互。用户提出问题后，ChatGPT 能够以对话的形式向用户提供答案，省去了用户反复点击链接的麻烦，使搜索更加便捷。

基于精准搜索、个性化搜索、对话式交互等优势，ChatGPT 能够极大地提升用户的搜索体验。用户能够以自然语言交互的方式，获得精准的搜索结果。

ChatGPT 将成为下一代搜索引擎的催化剂。在搜索引擎发展的过程中，更加便捷、便于交互的搜索引擎更能满足用户的需求，也更具发展潜力。而ChatGPT 不断进化，实现了从"模糊搜索"到"精准搜索"的跨越，为未来搜

索引擎的发展指明了方向。

1.2.3　智能翻译：支持多种语言批量翻译

ChatGPT 具有智能翻译功能，支持多种语言批量翻译，用户能够快速获得高质量翻译结果。ChatGPT 的智能翻译功能能够帮助用户在多种语言环境下开展工作或学习。

用户使用 ChatGPT 翻译文本时需要遵循以下几个步骤：首先，用户需要准备好需要翻译的文本，并确认翻译的语言，例如，中文翻译成英语或者日语；其次，将文本输入 ChatGPT 对话框中，并说明需求；最后，点击发送输入的内容，ChatGPT 将会自动输出翻译好的文本。

用户在使用 ChatGPT 翻译文本时，需要注意以下几点。

（1）虽然 ChatGPT 性能强大，但仍无法与人工翻译相媲美，因此，用户需要对翻译的结果进行核查，自行修改不合理之处。

（2）用户需要对文本进行整理，将具有关联性的文本整合在一起，这样更有利于 ChatGPT 准确翻译。

（3）为了确保翻译结果的准确性，用户可以先让 ChatGPT 翻译少量内容，如果结果相对准确，再进行批量翻译。

ChatGPT 进行批量翻译具有许多优势，如图 1-2 所示。

翻译质量高

便于操作

提高效率·降低成本

图 1-2　ChatGPT 进行批量翻译的优势

（1）翻译质量高。ChatGPT 拥有基于海量数据训练的大模型，能够保证翻译结果的准确性。

（2）便于操作。ChatGPT 能够为用户提供简洁、明了的操作界面，方便用户快速操作，获得翻译结果。

（3）提高效率，降低成本。用户只需要在 ChatGPT 对话框中上传文本，便可获得翻译结果。相较于耗时、耗力的人工翻译，ChatGPT 能够降低翻译成本，提高效率，适合个人用户或者企业使用。

总之，ChatGPT 的智能翻译功能适合批量处理文本翻译任务。随着 ChatGPT 的发展和智能翻译功能的升级，其将更加高效、高质量地完成文本翻译任务。

1.2.4　赋能智能机器人：提高服务质量，提升智能性

机器人是一种通过编程、自动控制执行任务的机器。随着多模态感知、深度学习、定位导航等技术的发展，机器人变得越来越智能。智能机器人被广泛应用在智能制造、酒店餐饮、医疗等场景中。日常生活中的教育机器人、伴读机器人等也属于智能机器人的范畴。

智能机器人具备以下四大要素，如图 1-3 所示。

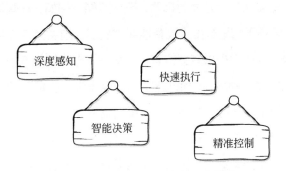

图 1-3　智能机器人具备的四大要素

其中，深度感知指的是智能机器人能够接收各种传感信息，获取周围环境、目标对象的数据；智能决策指的是智能机器人能够对接收的各种数据进行分析；快速执行指的是基于完善的结构和驱动系统，智能机器人能够依据指令快速完成任务；精准控制指的是智能机器人融合了定位导航、障碍规避等技术，能够合理规划行动路径，实现精准控制。

ChatGPT 的一大功能就是能够为机器人赋能，提高机器人的智能性。ChatGPT 的技术优势主要体现在以下几个方面。

（1）具有强大的自然语言理解能力。基于大规模数据训练，ChatGPT 能够更好地理解自然语言，不受语法、词汇等的限制，对自然语言的理解更加准确。

（2）具有更强的自我学习能力。ChatGPT 能够将学习到的语言规则应用于新任务中，不断学习和自我完善，提高自身智能化水平。

（3）ChatGPT 能够根据用户需求针对某些领域（如医疗、金融等）进行定制化训练，为用户提供更加专业的服务。

ChatGPT 的以上优势对机器人的发展有深刻影响。一方面，ChatGPT 可以提高机器人的理解能力，机器人可以更高效、准确地理解自然语言和语义，智能化程度更高。同时，机器人可以更加准确地回答用户的问题，提高运行效率。另一方面，ChatGPT 可以降低开发和维护机器人的成本。在 ChatGPT 的赋能下，企业可以通过深度学习技术和大模型的应用节省开发和维护机器人的成本，减轻负担。

ChatGPT 可以从多个方面为机器人产业赋能。例如，在智能客服机器人领域，ChatGPT 可基于海量数据提高智能客服机器人自主处理任务的能力，如准确回答用户问题、为用户提供专业的解决方案等，提高智能客服机器人的服务水平；在智能工业机器人领域，ChatGPT 可以用于训练智能工业机器人，使其能够完成更加复杂的工业任务，提高生产质量和效率。

总之，ChatGPT 能够为机器人赋能，提高机器人的自然语言理解能力、自我学习能力、交互能力，提升机器人的服务质量和智能性。在此基础上，企业可以降低机器人的运营成本，用户可以获得更好的服务体验。

1.3 GPT-4 引领通用人工智能风口

在 GPT 系列大模型迭代的过程中，提高大模型的通用性始终是 OpenAI 的目标。相较于此前的 GPT 系列大模型，GPT-4 在通用性方面有了很大提升，拉开了通用人工智能的序幕。

1.3.1　通用人工智能成为 AI 发展的下一阶段

GPT-4 大模型的通用能力让人们窥见了通用人工智能的冰山一角，也展现了人工智能从专用人工智能到通用人工智能的发展趋势。通用人工智能将成为 AI 发展的下一阶段。

通用人工智能是什么？和只能处理单一任务的专用人工智能相比，通用人工智能可以处理更加广泛和复杂的任务。在处理任务时，通用人工智能可以跨越多个学科、领域、模态，大幅提升任务处理效率。基于强大的任务处理能力，通用人工智能更适用于多元化场景，发展潜力巨大。

专用人工智能和通用人工智能有何区别？专用人工智能的优势在于，在某一领域优势显著，能够高效处理专业任务。但其缺点在于，具有很强的局限性，无法解决新问题。通用人工智能不针对特定的领域，具有灵活分析问题和解决问题的通用基础能力，包括自然语言理解能力、逻辑推理能力等。相较于专用人工智能，通用人工智能具备底层通用能力，可以灵活地分析、解决新问题。

通用人工智能不局限于任何具体应用，生成内容只是其无数应用中的一种。在实际应用中，通用人工智能可以作为一种生产力工具或者基础设施，赋能各行各业，提高全社会生产效率。

以软件行业为例，通用人工智能将大幅提升软件价值。当前，To C（To Consumer，面向个人）软件运行效率低，学习门槛高。以 Office 套件为例，很多用户只使用其中的一些简单功能，而较少使用高级、复杂的功能。在接入通用人工智能后，用户可以直接向软件提出需求，软件可以根据用户的需求自动调用相关高级功能，更好地满足用户的需求。因此，对于 To C 软件而言，很多以前用户很少使用的功能都需要重新定价。

To B（To Business，面向企业）软件也存在一些问题，如定制化服务周期长、成本较高、软件难以复制等。而接入通用人工智能的 To B 软件，能够在一定程度上解决以上问题。

通用人工智能之路通向何处？随着通用人工智能不断迭代，其可能会在未来拥有类似人类的能够完成各种任务的通用学习能力，通过自适应学习、跨模态学习，不断提升自身通用能力，在更多领域落地。

1.3.2　大模型：实现通用人工智能的最佳路径

通向通用人工智能的路径是多元化的，其中，大模型是实现通用人工智能的最佳路径。大模型具有强大的通用性、实用性，能够降低人工智能应用开发门槛，提高模型精度，提高内容生成效率。大模型是人工智能技术的一大突破，成为通用人工智能发展的起点。

以 GPT-4 为例，除了完成各种语言任务外，GPT-4 还可以完成编程、医学、心理学等多个领域的复杂任务。GPT-4 在一些领域的表现甚至可以达到人类的水平。GPT-4 还可以自动学习各种新内容，不断自我优化，提升自身智慧性。

以往的 AI 应用难以全面覆盖产业流程，而大模型能够覆盖产业流程的每个环节。以自动驾驶场景为例，在输入层，大模型可以感知环境，生成丰富的实景图片；在输出层，大模型可以重构 3D 环境、进行路径规划等。大模型能够实现自动驾驶感知决策一体化，做出科学的驾驶行为预判断，提升自动驾驶的可靠性。

大模型正在从单一模态数据输入向多模态数据输入迭代。文本、语音、图像等多模态的联合训练，可以实现不同模态之间的互补。这有助于提升模型的效果和泛化能力，为通用人工智能的发展奠定基础。

多模态大模型能够感知多种模态的数据，具备识别、处理数据的能力，能够根据数据分析结果做出决策或执行决策。多模态大模型具有通用性，但需持续迭代，以拥有更强大的通用能力。

未来，随着大模型的发展，用户与模型的互动将变得更加自然。大模型将不断提升自己的理解能力、推理能力，更好地理解用户的意图并解锁更多技能，输出高质量的内容。通用人工智能将在大模型的支撑下更具智慧。

1.3.3　OpenAI 公布通用人工智能规划

OpenAI 始终以"确保通用人工智能造福全人类"为使命，不仅自身致力于通用人工智能技术研发，还愿意帮助其他机构研发通用人工智能应用。2023 年 2 月，OpenAI CEO 萨姆·阿尔特曼公布了对通用人工智能的规划。

通用人工智能能够为用户赋能，激发用户充分展现聪明才智和创造力。但是，通用人工智能存在滥用的风险。因此，通用人工智能应用的开发者需要在发挥通用人工智能优势的同时防范其可能带来的风险。

OpenAI 认为，想要发展通用人工智能，需要做好以下三个方面的准备工作。

首先，通用人工智能的发展过程是循序渐进的。人们有时间了解通用人工智能的应用情况，体验通用人工智能的优势并发现其缺点，基于此可以适时调整经济组织形式，并对通用人工智能进行有效监管。循序渐进的方式能够实现通用人工智能与社会的共同发展，人们也可以在这个过程中明确自身需求。

OpenAI 希望更多的人能够体验通用人工智能并积极推动它进一步发展。基于此，OpenAI 开放了 API（Application Programming Interface，应用程序编程接口），实现了模型开源。这将加速人们对通用人工智能的研究，让更多人积极贡献新想法。

其次，在模型构建方面，OpenAI 对模型的部署变得越来越谨慎，除了探索模型的通用性之外，还在努力创建可控程度更高的模型。OpenAI 认为，社会需要就如何使用人工智能达成共识。OpenAI 将积极进行外部投入实验，为通用人工智能进行复杂决策做好准备。

未来，OpenAI 将开发新的对齐技术，并测试当前的技术何时失效。从短期来看，OpenAI 将通过 AI 帮助人们评估复杂的模型和监控复杂的系统；从长期来看，OpenAI 将基于 AI 提出新的想法，以推动对齐技术不断迭代。

最后，OpenAI 希望聚焦如何治理通用人工智能、如何分配通用人工智能产生的收益、如何共享通用人工智能带来的发展机遇三个方面进行全球对话。

除了以上三个方面外，OpenAI 通过各种规定明确了其运作结构。例如，OpenAI 为其他组织提供助力的目的是提高组织的安全性，而不是在通用人工智能应用开发方面与其竞争。此外，OpenAI 对股东获得回报的上限进行了界定，以规范股东的行为。

大模型：
ChatGPT的核心支撑

第 2 章

ChatGPT 强大功能的背后离不开大模型的支持。基于大模型，ChatGPT 可以自动生成多元化的内容，在多个场景落地；可以开放 API，开发者可以将 ChatGPT 集成到自己的产品中。

大模型具有巨大的应用价值，企业需要了解其底层架构、运行机制、发展历程、发展趋势、包含的要素、带来的改变等。充分了解这些内容，有助于企业研发大模型。

2.1　底层架构 + 运行机制

从底层架构方面来看，相较于传统自然语言模型，GPT-4 模型具有更强的上下文理解能力，这离不开 Transformer 模型的支持。Transformer 模型是许多大模型的底层架构。从运行机制来看，基于"大规模预训练 + 微调"的运行机制，大模型可以广泛应用于诸多场景。

2.1.1　底层架构：Transformer 模型

自然语言处理是人工智能的重要研究方向，目的是帮助计算机理解、运用人类语言。在 Transformer 模型未兴起之前，自然语言处理领域的主流模型是神经网络模型，如 RNN（Recurrent Neural Network，循环神经网络）、CNN（Convolutional Neural Network，卷积神经网络），其加速了自然语言处理的发展和商业化落地。

此后，基于注意力机制的 Transformer 模型为大语言模型的发展奠定了基础。Transformer 模型源于谷歌发表的论文 *Attention Is All You Need*（《注意力就是你所需要的》）。作为一种采用自注意力机制的深度学习模型，Transformer 模型可以提升语言模型的运行效率，更好地捕捉语言长距离依赖的信息，能够应用于多种自然语言处理任务，使深度学习模型的参数进一步增加。Transformer 模型成为大语言模型的核心组件。

Transformer 模型加速了大模型的发展。Transformer 模型架构灵活，具有很强的可扩展性，可以根据任务和数据集规模的不同，搭建不同规模的模型，提升模型性能，为大模型的开发奠定了基础。同时，Transformer 模型具有很强的并行计算能力，能够处理大规模数据集。

在大规模数据集和计算资源的支持下，用户可以基于 Transformer 模型设计并训练参数上亿的大模型。基于 Transformer 模型训练大模型成为大模型开发的主流模式。

OpenAI 推出的 GPT 系列模型，就是基于 Transformer 模型的生成式预训练模型。ChatGPT 基于 Transformer 模型进行序列建模和训练，能够根据前文内容和当前输入内容，生成符合逻辑和语法的结果。

Transformer 模型包括编码器、解码器两个模块，能够模拟人类大脑理解语言、输出语言的过程。其中，编码指的是将语言转化成大脑能够理解和记忆的内容，解码指的是将大脑所想的内容表达出来。虽然 ChatGPT 使用了 Transformer 模型，但只使用了解码器的部分，目的是在妥善完成生成式任务的基础上，减少模型的参数量和计算量，提高模型的效率。

从内容生成模式来看，ChatGPT 不会一次性生成所有内容，而是逐字、逐词生成，在生成每个字、每个词时，都会结合上文。因此，ChatGPT 生成的内容更有逻辑，更有针对性。

此外，ChatGPT 对 Transformer 模型进行了一系列优化，例如，采用多头注意力机制，使得模型能够同时学习不同特征空间的表示，提高了模型性能和泛化能力；在网络层中采用归一化操作，加速收敛和优化网络参数；添加位置编码，为不同位置的词汇建立唯一的词向量表示，提高了模型的位置信息识别能力。

通过以上优化，ChatGPT 在对话生成方面展现出较好的应用效果和巨大的应用价值。例如，在单轮对话生成中，ChatGPT 能够根据用户的提问，快速生成合适的回复内容；在多轮对话生成中，ChatGPT 可以通过上下文理解和推断，更好地生成对话内容，提高了交互的效果和效率。

总体来看，Transformer 模型在机器翻译、文本生成、智能问答、模型训练速度方面，均优于之前的模型。而基于 Transformer 模型的 GPT 系列模型，也具有强大的应用能力和性能。

2.1.2 运行机制：大规模预训练 + 微调

大模型的优势主要体现在具有通用性上。当前，传统 AI 模型在多个领域有出色的表现，但是由于数据规模、模型能力的限制，这些模型往往只能完成某一类任务，无法完成其他任务。而大模型得益于"大规模预训练 + 微调"的运行机制，可以很好地适应不同的任务，展现出强大的通用能力。

大模型的无监督训练模式使得其可以获得大规模无标注数据用于训练，大幅提升了训练效果。同时，超大参数量提升了模型的表达能力，使大模型可以基于训练数据中的通用知识建模。具有通用性的大模型，只需在不同的任务场景中做出适当微调，就能有亮眼的表现。

以 GPT-4 大模型为例，其能力来源于大规模预训练和指令微调。GPT-4 所具备的语言生成、情景学习等能力，都源于大规模的预训练。通过对海量数据的深度学习，GPT-4 大模型在多个方面具备通用能力。

而通过指令微调，GPT-4 大模型拥有面向细分领域的能力，能够泛化到更多任务中，进行更加专业的知识问答。同时，基于 RLHF（Reinforcement Learning with Human Feedback，根据人类反馈的强化学习）技术，GPT-4 具备和人类"对齐"的能力，能够根据用户的提问给出翔实、客观的回答，拒绝回答不当的问题，拒绝回答超出其知识范畴的问题。

海量数据的预训练是大模型应用的基础。参数量庞大的大模型需要海量、广覆盖的高质量数据。数据的规模和质量深刻影响着大模型的性能，大模型研发企业往往通过大量的数据训练来提升模型的性能。

同时，适当地微调也十分重要。在预训练模型具备了强大的基础能力之后，适当地微调能够赋予模型在某一领域的专业能力，使大模型能够满足细分领域的需求。

模型微调的方法很多，以 ChatGPT 的训练为例，基础模型的微调分为三个步骤：一是通过人工标注好的数据进行模型训练；二是基于用户对模型生成答案的排序设计一个 RM（Reward Model，奖励模型）；三是通过奖励模型进一步训练 ChatGPT，实现 ChatGPT 的自我学习。科学的奖励模型可以引导大模型生成正确的回答，提升内容输出的准确性。因此，模型微调对于提升大模型内容生成的准确性具有重要意义。

2023 年 2 月，Meta 推出一款开源大语言模型——LLaMA。自大模型发布后，基于 LLaMA 模型微调而产生的模型相继出现。2023 年 4 月，哈尔滨工业大学的一个研发团队发布了对 LLaMA 模型微调之后的针对医学领域的新模型——Hua Tuo。Hua Tuo 在智能问诊方面表现出色，可以生成一些可靠的医学知识。

以 LLaMA 为基础模型，为了保证模型回答问题的准确性，研发团队从 CMeKG（Chinese Medical Knowledge Graph，中文医学知识图谱）中提取出诸多医学知识，生成多样化的指令数据，对模型进行监督微调，最终打造出针对医学领域的新模型 Hua Tuo。

以上案例体现了模型微调的必要性。以大模型作为基础模型，利用特定领域的专业数据进行训练，对大模型进行微调，可以得到面向细分领域的新模型。

2.2 发展历程与发展趋势

在长期发展过程中，大模型从单语言预训练模型向多模态预训练模型转变，多模态预训练模型成为大模型未来发展的主流方向。纵观大模型整体发展态势，呈现通用型大模型和垂直化大模型并行的特点。

2.2.1 从单语言预训练模型到多模态预训练模型

从支持的模态来看，大模型先后经历了单语言预训练模型、多语言预训练模型、多模态预训练模型三个发展阶段，能力持续提升。

单语言预训练模型基于单一语言数据训练而成，能够实现单语言内容输出，能够处理的任务类型较少。BERT（Bidirectional Encoder Representations from Transformers，来自变换器的双向编码器表征量）是一种典型的单语言预训练模型，BERT 模型的预训练由 MLM（Masked Language Model，掩码语言建模）、NSP（Next Sentence Prediction，下一句预测）两个无监督任务组成。掩码语言建模指的是随机地将输入的内容中的一些词替换成特殊的掩码符号，训练模型通过上下文预测被掩码的词的能力。下一句预测的目的是加强语句之间的关系，预测语句是否连续。BERT 模型可以在微调的基础上满足多种任务的需求，完成文本分类、自动问答等任务。

多语言预训练模型能够覆盖多种语言，具备强大的语言能力。其可以基于数十种甚至上百种语言进行预训练，并能够完成更多自然语言处理任务，如机器翻译、智能问答、情感分析等。XLM（Cross-lingual Language Model，跨语言模型）是一个典型的多语言预训练模型。其采用两种预训练方法：一种是基于单语言数据进行无监督学习，另一种是基于平行语料数据进行有监督学习。所有语种共用一个字典，共享相同的字母、数字符号、专有名词等。XLM 保留了BERT 模型的掩码语言建模模式，同时加入了因果语言建模模式，能够在给出上文的情况下预测下一个词。

多模态预训练模型在多语言预训练模型的基础上，能够实现文字、语音、视频等多种内容的同步转化，并实现多任务处理。多模态预训练模型具备两种能力：其一是寻找不同模态数据之间的关系，如将文字描述和视频对应起来；其二是实现不同模态数据之间的转化与生成，如将文字描述转换成视频。

多模态预训练模型是很多企业布局大模型的主要着力点。2023 年 4 月，全球化移动互联网公司 APUS 发布了多模态预训练模型 AiLMe。AiLMe 可以理解并生成文本、图像、音频、视频等内容。在技术架构方面，AiLMe 采用的是主流的 Transformer 架构，同时也采用了一套插件架构，可以接入其他工具，具有强大的能力。

纵观大模型的发展历程，从单语言到多语言再到多模态，其能力不断提升。未来，多模态预训练模型有望接入更加复杂、广泛的数据，能够以强大的性能完成更加多元化、复杂的内容生成任务。

2.2.2　通用大模型和垂直大模型并行

在各大企业竞相入局大模型赛道的趋势下，市场中出现通用大模型和垂直大模型两大发展路径。

通用大模型指的是能够完成多种任务、应用于多个领域的大模型。基于在资金、人才等方面的优势，很多互联网大厂将通用大模型作为自己研发大模型的方向。一方面，通用大模型的适用性较广，有助于企业奠定大模型时代"领路人"的身份；另一方面，瞄准通用大模型有利于将大模型与自身产品相结合，提升产品的智能性。

2023 年 4 月，阿里巴巴推出通用大模型"通义千问"。该模型具有多轮对话、文案创作等功能，且具有逻辑推理能力，能够完成多样化的内容生成任务。未来，阿里巴巴旗下所有产品将接入"通义千问"，实现智能化升级。

当前，阿里巴巴旗下产品钉钉已经接入"通义千问"大模型，实现了多方面的智能化，主要体现在以下四个方面。

（1）群聊。在"通义千问"大模型的赋能下，钉钉可以为用户整理群聊主要内容，帮助用户了解上下文，还可以一键生成待办事项，为用户提供便捷的办公体验。

（2）文档。钉钉具备图文生成功能，可以为用户整理文档提供便利。例如，用户写完一篇新闻稿件后，钉钉可以根据稿件内容自动配图，也可以根据要求生成海报，节省用户寻找素材与设计海报的时间。

（3）视频会议。在视频会议中，钉钉能够根据发言人的发言，总结其主要观点，便于参加会议的人了解会议的主要内容，提高视频会议的效率。

（4）应用开发。钉钉具备应用开发的功能。如果用户需要开发一个小程序，只需要在钉钉中输入需求，便可以得到一个相应的小程序。

除了赋能旗下产品外，"通义千问"大模型将在未来推出插件功能，支持开发者借助大模型进行个性化应用开发。

垂直大模型指的是针对某一领域而训练的大模型，如聚焦教育领域的大模型、聚焦金融领域的大模型等。垂直大模型适用于聚焦细分领域、在细分领域有竞争优势的企业。这类企业可以利用自己在行业内深耕多年的经验和数据，提供精准的解决方案，更好地满足用户在某个场景下的需求。企业可以以通用大模型为基础模型，通过指令微调训练出面向某一领域的垂直大模型。垂直大模型的参数量级一般比通用大模型低，但其具有针对细分领域的专业性，往往能够在细分领域发挥更好的作用。

当前，越来越多的企业加入垂直大模型赛道。2023 年 5 月，学而思公布了大模型研发进度，表示正在研发一款名为"MathGPT"的数学大模型。该大模型以数学解题和讲题算法为核心，面向所有数学爱好者和研究机构。

学而思于 2023 年春节前启动了 MathGPT 数学大模型研发工作，截至2023 年 5 月，已经取得阶段性成果。学而思还将成立一支海外团队，招募全球范围内的人工智能专家。

相比而言，通用大模型能够适用于多种多样的应用场景，但在某一特定领域，通用大模型的表现可能不如垂直大模型。垂直大模型聚焦特定领域，具有更强的专业性，但是受众少。

2.2.3 ZMO.AI：聚焦营销领域的 AI 大模型

在通用大模型和垂直大模型并行的态势下，一些在细分领域具有优势的企业开始自主研发垂直大模型，ZMO.AI 就是其中的典型代表。

ZMO.AI 是一家聚焦营销领域的 AI 营销方案提供商。其在营销内容生成领域扎根已久，收集了海量高质量的业内数据，为打造垂直大模型奠定了数据基础。和艺术作品生成平台不同，ZMO.AI 平台能够实现真实场景的图像生成。其产品 ImgCreator.AI 自上线以来，吸引了百万 B 端（Business，企业）用户；Marketing Copilot 服务吸引了数万家企业申请 API 资格，参与调用模型。

用户只需将产品图片上传至平台，并给出工作流程指令，Marketing Copilot 就能够根据用户的需求，生成与产品相匹配的宣传海报、营销文案等。Marketing Copilot 实现了传统营销流程的优化，大幅提高了营销内容的生产效率。

和群体广泛的 C 端（Consumer，消费者）用户不同，B 端用户面对的场景往往具有更强的专业性。B 端用户对模型生成图像的质量、画面内容的准确性等有较高的要求。而 ZMO.AI 平台可以基于用户需求生成高质量的营销内容，真正解决企业的营销痛点。同时，基于精准的用户反馈数据，ZMO.AI 平台可以对垂直大模型生成的内容进行引导，实现模型自我优化，进而产出更加优质的营销内容。

ZMO.AI 平台以其在营销领域的专业性和生成内容的真实性、精准性，受到了诸多企业的青睐。以某跨境电商企业为例，该跨境电商企业的沙发产品在欧美地区十分受欢迎，但由于沙发产品尺寸大，运输成本较高，搭建拍摄场景耗时长，因此拍摄产品图就成了一个营销难题。为了使产品图达到想要的效果，该企业的负责人与设计师反复沟通，花费不少时间和精力。

而 ZMO.AI 平台帮助该跨境电商企业解决了这一难题。该企业的负责人只需将产品图上传至平台，并给出文字指令，平台就可以按照负责人的要求生成真实、自然的产品效果图。这极大地减少了企业拍摄、优化产品效果图的资金损耗。

具体到细分场景中，大模型具有使用门槛高、内容生成不可控等痛点。因此在使用大模型时，用户往往需要通过一些方法引导大模型输出自己想要的内容。如何打造开箱即用的大模型，让用户能够更便捷地得到自己想要的解决方案，是 ZMO.AI 一直思考的问题。

在使用 ZMO.AI 平台时，用户可以上传优质素材，在平台训练自己的专有模型，再上传产品图片并给出文字指令，专有模型即可根据指令自动生成符合用户需求的营销图片。专有模型会依据用户提供的优质素材进行训练，最终生成针对特定产品、特定用户的个性化营销内容。同时，在这个过程中，用户提供的数据是私密的，所有权归属于用户。

一些大模型能够生成诸多营销创意，但难以展现产品的细节，如产品纹路、产品材质、Logo 等。而 ZMO.AI 平台中的 Marketing Copilot 可以通过独特的算法，展现产品的细节。最终，生成的产品图片在产品细节、光影效果、分辨率、真实度等方面都十分接近真实拍摄的图片。

ZMO.AI 基于营销场景中的海量精准数据打造的垂直大模型变革了传统的营销内容生产方式，形成了数据驱动的营销内容新形态。ZMO.AI 平台不仅能够实现营销内容精准生成，还能够变革营销流程，提供完善的营销解决方案。未来，ZMO.AI 平台将持续迭代，解锁更多新功能。

2.3　大模型三大要素

大模型是算力、算法、数据相结合的产物，算力、算法、数据是大模型的核心要素。算力是大模型的基础设施，算力的大小决定着大模型数据处理能力的强弱。算法是大模型解决问题的机制，不同算法提供不同的解决问题的路径。数据是大模型进行算法训练的基础，有了海量数据的支持，大模型的算法才能不断精进。

2.3.1　算力：支撑大模型训练与推理

大模型的计算十分复杂，需要大量算力的支撑。大模型预训练、日常运营、模型微调等都离不开算力的支持。高性能计算是大模型高效输出的原动力，主要体现在训练和推理两个阶段。

在训练阶段，高性能计算能够大幅提升模型训练的速度。大模型训练过程中需要处理大量的数据和参数，而高性能计算能够通过并行计算、分布式计算等，加速训练过程。如果没有高性能计算的支持，那么训练过程将十分缓慢，甚至难以完成训练。

在推理阶段，高性能计算能够提高大模型的响应速度及并发处理能力。大模型需要对输入的文本进行处理，而高性能计算能够提供更快的计算速度，提升大模型的并发处理能力。如果没有高性能计算的支持，大模型的响应速度会降低，并发处理能力会受限。

大模型的出现将人工智能推向新的高度，各大企业纷纷入局大模型赛道，随之而来的是算力需求的爆发式增长。庞大的算力需求，需要成熟、稳定的高性能计算解决方案的支持。

2023 年 4 月，腾讯云发布了新一代高性能计算集群。该集群采用腾讯云自主研发的服务器，搭载英伟达高性能处理器 H800 GPU（Graphics Processing Unit，图形处理单元）。服务器采用 3.2T 超大互联带宽，为大模型训练、计算等提供高性能、高带宽、低延迟的算力支持。

腾讯云提供的数据显示，在腾讯旗下"混元"大模型训练的过程中，基于上一代高性能计算集群，数据训练时间为 11 天。而在新一代高性能计算集群的支持下，同等数据集的训练时间缩短至 4 天。

通过对处理器、网络架构、存储性能等方面进行优化，腾讯云解决了大集群场景下算力损耗的问题，能够为大模型提供高性能的智能算力支撑。

在网络层面，计算节点间将实现海量的数据交互，通信性能对大模型训练效率具有重要影响。而腾讯云自主研发的星脉网络，具有 3.2T 超大通信带宽，突破了业界在此之前的通信带宽上限。测试结果表明，相较于前代网络，星脉网络能够让集群整体算力提升 20%，使超大算力集群能够保持优秀的吞吐性能。

在存储层面，大量计算节点同时读取数据集需要尽量缩短加载时长。而腾讯云自主研发的文件存储、对象存储架构，具备 TB（Terabyte，太字节）级吞吐能力和千万级 IOPS（Input/Output Operations Per Second，每秒的读写次数），能够满足大模型训练的大数据存储要求。

在底层架构层面，新一代高性能计算集群集成了 TACO Train 训练加速引擎，能够对通信策略、模型编译等进行优化，大幅节约算力成本。

未来，新一代高性能计算集群不仅能够更好地为大模型训练提供算力支持，还能够在自动驾驶、自然语言处理等多个场景得到应用。

2.3.2 算法：大模型解决问题的主要机制

大模型需要 AI 算法，这是大模型解决问题的主要机制。不同的 AI 算法提供不同的解决问题的路径，AI 算法的优劣决定了大模型的成效。从发展历程来看，AI 算法模型经历了以下三个发展阶段，如图 2-1 所示。

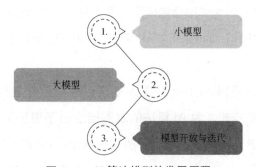

图 2-1　AI 算法模型的发展历程

1. 小模型

小模型根据特定领域的数据进行训练，能够完成特定领域的任务。但由于数据来源较少，因此小模型难以提高任务完成的精准度。同时，由于算力不够，小模型针对其他领域进行数据训练的成本较高，导致其通用能力较差。

2. 大模型

Transformer 模型的出现大幅提升了算法识别、处理文字、图像等内容的能力，但是也使模型的体积增大。只有具有强大算力支撑的企业才有能力训练 Transformer 模型。ChatGPT 的成功展现了 Transformer 模型的魅力，也让很多企业意识到 Transformer 模型还有很大的潜力可以挖掘。例如，特斯拉在自动驾驶视觉模型的基础上引入了 Transformer 模型，目的是融合不同摄像头模组间的信息；英伟达研发了用于 Transformer 模型的计算引擎，大幅提升了 AI 算力。

3. 模型开放与迭代

ChatGPT 在算法方面更为先进，其基于 Transformer 模型进行训练，拥有独特的训练逻辑，如 RLHF、RM 等。

RLHF 是一种强化学习技术，原理是用户为 ChatGPT 提供反馈，帮助 ChatGPT 快速学习。在传统强化学习模式中，智能系统以收到的奖励或惩罚为依据调整策略。而基于 RLHF 技术，用户可以向 ChatGPT 提供更加详细的反馈信息，例如，直接表明对策略的评价，并提出具体的改进方法等。这能够提高 ChatGPT 的学习速度和理解任务的准确性。

RM 是用来计算行为奖励值的模型。基于 RM，ChatGPT 能够从不同的行为中获得不同的奖励值，而根据这一机制，ChatGPT 会不断优化决策，以获得更高的奖励值。

基于以上训练逻辑，ChatGPT 改变了以往只依靠堆积数据量以形成更好训练效果的训练方式，为 AI 算法的发展描绘出了更加清晰的路径。未来，AI 算法的发展将进一步加快，模型开放和快速迭代将成为 AI 算法模型的发展趋势。

2.3.3　数据：大模型训练的养料

数据是大模型训练的养料，为大模型训练提供基础资源。数据主要应用于预训练、模型微调阶段。在模型预训练阶段，需要大规模、类别丰富、高质量的数据；在模型微调阶段，需要聚焦垂直领域、更加专业的高质量数据。

大模型的训练和微调都需要海量数据的支持，为了获得大规模、高质量的数据集，企业需要从不同的领域和不同的数据源收集数据。当前，很多大模型在训练过程中充分利用文本、图像、语音等多种形式的公开数据，但大模型的发展需要更多数据的支持。这就要求企业在大模型中接入更多优质私有数据源，以在大模型数据支撑方面获得差异性优势。

在数据来源方面，合成数据是一种不错的解决方案。合成数据指的是基于计算机模拟技术生成的虚拟数据。其基于真实数据而产生，能够反映真实的数据信息。合成数据可以在一定程度上缓解数据短缺的问题，为大模型的训练、微调等提供更多数据。

当前，合成数据已经在自动驾驶、机器人等领域实现了应用。以自动驾驶为例，大模型在训练过程中需要海量的自动驾驶相关的数据，但获取真实的路况数据较为困难。在这种情况下，大模型就可以通过合成数据模拟不同的驾驶场景，进行精准训练。

大模型除了需要高质量、大规模的数据集的支持外，还需要数据处理服务的支持，如数据清洗、数据标注等。不同行业、不同场景对数据标注的要求不同，而高质量的数据集可以提高数据标注的质量。

数据处理服务往往由专业的数据服务商提供。星辰数据就是一家专业的数据服务商，能够为企业研发大模型过程中的计算机视觉、自然语言处理等任务提供高质量的训练数据，并助力大模型训练过程中的数据管理、模型训练、模型测试等环节，实现大模型训练全流程数据质量管理。

在使用数据的过程中，企业需要保证数据安全，避免数据泄露。大模型的数据源除了公开数据、合成数据外，还包括合作企业数据、用户互动数据等，这些数据也是大模型训练的语料基础。在掌握诸多隐私数据的情况下，企业需要做好数据安全防护，在输出内容的过程中保证数据安全。

2.4　大模型带来的三大改变

当前，人工智能在实际应用中面临着研发成本高、场景需求碎片化、模型精度不够、模型实际应用效果差等问题。而大模型可以提高模型通用性，降低训练成本，提高人工智能应用的智能性，降低人工智能落地应用的门槛。

2.4.1　突破定制化小模型落地瓶颈

在人工智能以往的应用中，基于深度学习技术和算力支持打造 AI 模型是人工智能主要的应用路径。AI 模型往往针对特定应用场景需求进行训练，属于定制化的小模型。

AI 模型从研发到投入应用的流程包括确定需求、数据收集、算法设计、训练微调、应用部署、运营维护等多个环节。这意味着，AI 模型研发人员需要具备丰富的专业知识和良好的合作能力。

在传统模式下，为了满足场景需求，研发人员需要设计定制化神经网络模型。这就要求研发人员具备丰富的专业知识，并且需要承担试错成本。在这种模式下，一个 AI 模型研发项目往往需要一个专业的研发团队经过数月努力才得以完成。

在落地应用阶段，基于"一个场景一个模型"模式开发的定制化模型在其他任务场景中并不通用。在自动驾驶全景感知领域，往往需要行人跟踪、目标检测等多个模型协作，才能够实现全景感知。而同样是完成目标检测任务，针对医学图像领域的病症检测 AI 模型无法应用到行人、车辆检测场景中。AI 模型无法通用，提高了 AI 落地的门槛。

大模型能够从海量、多个场景的数据中学习，并总结出通用能力，成为具有泛化能力的模型底座。在面对新的应用场景或新的任务时，对大模型进行微调，如在特定场景中基于专业数据进行二次训练，大模型即可应用于特定的场景或任务。因此，大模型可以凭借其通用能力有效应对多样化的 AI 应用需求，加速 AI 的规模化落地。

2.4.2　降低 AI 开发和训练成本

传统 AI 模型训练涉及诸多调整参数、优化模型的工作，需要耗费大量人力。同时，模型训练对数据的要求较高，需要进行大范围的数据标注。其中存在数据获取困难、标注成本高、研发人员需要耗费大量时间收集数据等难题。

例如，医学领域的数据往往涉及用户隐私，难以被大范围收集以训练 AI 模型。而在工业领域，海量的数据难以被全部收集。以布料瑕疵检测为例，一个工厂中需要检测的布匹类型很多，如白坯布、有色布、纯棉布、混纺布等。同时，布料瑕疵也有很多种，如花纹错色、存在断头、存在擦伤等。研发人员需要长期收集数据，不断优化算法，才能高效地进行瑕疵检测。

AI 模型的每个应用场景都有丰富的专业数据，而适用于一个场景的模型可能并不适用于另一个场景，需重新收集数据、训练模型。研发人员需要为 AI 模型打造完善的、能够实现自学习的数据闭环，以实现 AI 模型的持续优化。这些因素使得 AI 模型研发和训练的成本居高不下。

大模型可以通过无监督学习自动学习、区分海量数据，构建适合模型学习的任务，实现自动数据标注。这能够大幅降低模型训练数据获取、标注的成本，有利于 AI 模型在更多场景中落地。

相较于传统的 AI 模型研发，大模型研发的流程更加标准化，能够在多个环节实现智能化操作，以减少人工成本、缩减研发周期，继而降低模型研发成本。大模型为 AI 落地、广泛应用提供了有力的支撑。

2.4.3　带来更强大的智能能力

基于深度学习技术和海量的数据，大模型能够持续学习，实现自我优化，形成更强大的智能能力。

当前，基于预训练模型的自然语言处理技术达到的效果，已经超越了传统的机器学习的效果。在大模型不断迭代的过程中，计算量呈指数级增长。随着大模型通用能力的提升，其不仅是一个能够处理语言任务的大语言模型，还将发展成可以处理语言、视觉、声音等多种任务的多模态模型。大模型为人工智能从弱人工智能走向强人工智能提供了一条可行的路径。

多模态大模型是大模型发展的重要趋势。多模态大模型具有在无监督模式下自动学习不同任务的能力，是弱人工智能迈向强人工智能的一种路径。将文本、图像、视频等多模态内容进行融合，实现大模型由单模态向多模态的转变，能够为更加广泛的领域提供基础模型支撑，打造通用能力更强的人工智能模型。

大模型带来的更强大的智能能力，能够推动人工智能的发展。当前，人工智能的典型应用，如智能客服、写稿机器人等，已经实现落地应用，能够智能完成特定工作。而在大模型的助力下，这些人工智能应用的智能能力将大幅提升。

例如，接入大模型后，智能客服的智能性将大幅提升。以往的智能客服虽然能够依据用户的提问给出标准的回答，但存在回答千篇一律的痛点。基于大模型，智能客服能够快速识别用户需求，给出准确、个性化的答案。同时，基于强大的逻辑推理能力，智能客服还能够基于用户的问题给出完善的解决方案。

智能客服还能够基于对用户需求和反馈的分析，改进自己的服务，提高用户满意度。在大模型的加持下，文生图、文生视频、虚拟数字人等关键领域将进入商业化阶段，产生更多智能化应用。

大模型成为人工智能发展的推动器，使人工智能不仅能"听"会"看"、会"思考"和创作，还能够推理和做决策。随着大模型的不断迭代，其将具有更强的通用性和更高的智能程度，使 AI 能够广泛应用于各个行业。

产业格局：
大模型生态体系雏形已现

第 3 章

当前，大模型产业化发展成为趋势，生态体系雏形已现。无论是数据服务商、科研院所，还是科技巨头，都在大模型产业化发展中扮演着重要角色。在大模型火热发展的趋势下，越来越多的企业或机构开始布局大模型赛道，推出自己的大模型产品。随着大模型的发展，其将向着开源的方向迈进。未来，大模型有望成为促进各个行业发展的基础设施，为各个行业的发展赋能。

3.1　大模型产业生态体系的三层架构

当前，大模型产业生态体系雏形已现，分为基础层、模型层、应用层三层架构。基础层包括数据、算力、计算平台、开发平台等，为大模型产业搭建基础设施。模型层聚集大量致力于自主研发大模型的主体，包括互联网巨头、AI 企业、科研院所、数据服务商、垂直行业厂商等。而在应用层，大模型应用向着 To B 和 To C 两个方向发展，逐渐覆盖更多领域。

3.1.1　基础层：数据 + 算力 + 计算平台 + 开发平台

大模型产业生态体系的基础层为大模型产业的发展提供基础设施，主要包括四个方面，如图 3-1 所示。

图 3-1　大模型产业生态体系基础层的四大支撑

1. 数据

大模型的预训练、推理、微调等环节都离不开数据的支持，因此，AI 数据服务商是大模型基础层的重要参与者。

当前，市场中的 AI 数据服务商主要分为三类。第一类是以百度、京东、腾讯等为代表的科技巨头，推出了自己的 AI 数据服务，如百度智能云数据众包、京东众智、腾讯数据厨房等。这类企业入局 AI 数据服务市场较早，服务比较完善。第二类是专业的数据服务商，如海天瑞声、拓尔思、数据堂等。这类企业聚焦数据服务细分领域，能够提供专业、多样化的数据服务，所占市场份额较多。第三类是提供 AI 数据服务的初创企业，如 MindFlow、BodenAI 等。这类企业所占市场份额较少，但展现出巨大的发展潜力。

2. 算力

AI 芯片能够为大模型提供算力支持，这一领域聚集了大量 AI 芯片厂商，如谷歌、英特尔、英伟达、海思半导体、联发科、地平线机器人等。

2023 年 4 月，谷歌公布了其用于大模型训练的 AI 芯片 TPU（Tensor Processing Unit，谷歌张量处理器）V4。早在 2016 年，谷歌就推出了用于机器学习的专用芯片——TPU 芯片，该系列芯片通过低精度计算，大幅提升了计算速度并降低了功耗，为谷歌旗下的搜索、自然语言处理等产品提供算力支持。

而此次公布的第四代 TPU 芯片 TPU V4 在效率、节能等方面实现了突破，具有优越的性能。TPU V4 已经在谷歌云平台上线，用于大模型训练。未来，TPU V4 可以支持更多大模型训练，应用于更多场景。

3. 计算平台

计算平台基于在智能计算方面的优势，可以为大模型训练提供支撑。2023 年 6 月，复旦大学推出了云上科研智算平台 CFFF（Computing for the Future at Fudan），可助力大模型训练。该计算平台由复旦大学、阿里云、中国电信联手打造，通过公共云模式实现千卡并行的智能计算，为大模型训练提供支持。

该平台包括面向多学科融合创新与面向高精尖研究的两大计算集群。在高速传输网络、大规模异构算力融合调度技术、AI 与大数据一体化技术等的支持下，两大计算集群组合成一台性能强大的超级计算机。基于该平台，复旦大学人工智能创新与产业研究院发布了一个中短期天气预报大模型，在具有良好预测效果的同时预测速度大幅提高。

4. 开发平台

大模型开发平台可以提供 AI 算力、模型框架、在线推理、在线训练等大模型开发服务，将大模型开发能力开放给开发者。

以昇思大模型平台为例，该平台是一个集模型选型、在线训练、模型微调于一体的一站式大模型开放平台。该平台拥有 AI 实验室、模型库、数据集等多个模块，为模型训练提供算力支持，并拥有丰富的在线学习课程资源、有趣的社区活动等。

为了提升开发者的使用体验，该平台进行了多方面的升级。该平台打造了不同的大模型行业专区，如电力专区、工业专区等，提供从模型训练、推理到部署的大模型开发服务。同时，该平台还推出了课程模块，覆盖自然语言模型、视觉模型等大模型开发的多个领域，可以为开发者进行大模型开发提供有效的指导。

3.1.2 模型层：多方参与，推进大模型建设

在大模型产业生态体系的模型层，聚集着数量众多、积极研发大模型的参与者。从类型来看，大模型赛道的主要参与者包括互联网巨头、AI 企业、科研院所、数据服务商、垂直行业厂商等，代表企业和代表产品如表 3-1 所示。

表 3-1　大模型赛道主要参与者和代表产品

类　别	名　称	代表产品
互联网巨头	百度	文心大模型
	华为	盘古大模型
	腾讯	混元大模型
	阿里巴巴	通义大模型
AI 企业	商汤科技	日日新大模型
	科大讯飞	星火大模型
	昆仑万维	天工大模型
科研院所	北京智源人工智能研究院	悟道 3.0 大模型
	中国科学院自动化研究所	紫东太初 2.0 大模型
数据服务商	拓尔思	拓天大模型
	浪潮信息	源 1.0 大模型
垂直行业厂商	恒生电子	金融行业垂直大模型 LightGPT
	幂律智能	法律行业垂直大模型 PowerLawGLM
	一千零一艺	建筑行业垂直大模型阿拉丁 ALDGPT

在表 3-1 中，百度、华为等互联网巨头，商汤科技、科大讯飞等知名 AI 企业，北京智源人工智能研究院（以下简称"智源研究院"）、中国科学院自动化研究所等科研院所，是大模型研发的主要力量。基于在数据方面的优势，一些数据服务商也加入布局大模型的大军中。

以拓尔思为例，拓尔思是一家人工智能、大数据以及数据服务提供商。在大模型浪潮下，基于在数据、行业应用等方面的优势，拓尔思于 2023 年 6 月推出了拓天大模型。拓尔思聚集大模型在多个行业的应用，率先在金融、传媒等领域推出行业大模型。未来，拓尔思还将推出聚焦网络舆情、法律、审计等方面的行业大模型。

此外，一些在细分领域具有优势的厂商也积极研发大模型，其中的代表有恒生电子、幂律智能等。值得注意的是，垂直行业厂商往往会与科技企业合作研发大模型，借助通用大模型打造垂直领域的专有模型。

以幂律智能为例，2023 年 6 月，幂律智能携手智谱 AI 推出法律行业垂直大模型 PowerLawGLM。该模型聚焦法律细分领域，可实现法律语言理解并输出科学的法律解决方案。

自成立以来，幂律智能聚焦"法律 +AI"领域，基于法律 AI 能力向客户提供智能合同产品。而对于通用大模型企业智谱 AI 而言，在法律领域布局是其大模型布局的重要内容。双方达成合作，共同探索大模型在法律行业的落地方法。在经过学习大量专业法律文本数据；与法律对话场景对齐，使模型具备面向法律场景的对话能力；通过优化方案优化模型输出内容，保证输出结果的准确性和可靠性三大步骤后，PowerLawGLM 对法律专业文本的理解、推理与生成能力大幅提高。

从大模型类别上看，自然语言处理大模型和多模态大模型是大模型开发的重点，计算机视觉和智能语音等领域的大模型较少。此外，在更多主体参与大模型研发的过程中，大模型开源成为趋势。互联网巨头、科研机构等成为探索开源大模型的主力。

3.1.3 应用层：面向用户生成多样化应用

在基础层和模型层的支持下，大模型的应用范围越来越广，在多个领域落地成为可能。在应用层，大模型面向 To B 用户和 To C 用户，为用户提供多样化的应用。

随着大模型的价值逐渐显现，其成为众多企业提升生产力的工具。基于此，聚焦 To B 用户的大模型实现进一步发展。聚焦 To B 用户的大模型分为两类：一类是功能强大的通用大模型，实现在多个行业的应用，助力多个行业的企业发展；另一类是规模更小、聚焦特定领域的垂直大模型。聚焦 To B 用户的大模型可以根据用户需求，为用户提供定制化模型。

2023 年 6 月，腾讯云公布了其行业大模型研发进展，表示将帮助企业构建专属大模型和应用。腾讯云将打造行业大模型商店，为企业提供 MaaS（Model as a Service，模型即服务）一站式服务。

MaaS 一站式服务为企业提供模型训练、模型微调、应用开发等大模型解决方案。企业可以根据自己的实际需求，在行业大模型的基础上通过添加特定数据生成自己的专属模型。当前，腾讯云行业大模型已经在金融、教育等行业实现应用，提供了数十个解决方案。

此外，也有一些企业面向 C 端用户，推出了支持海量用户体验的大模型 To C 应用。例如，百度基于文心大模型打造了文心一言、文心一格等应用，向个人用户开放。借助文心一言，用户可以进行文学创作、文案创作、多模态生成等。而在文心一格应用中，用户可以基于自己的创意进行多种风格的 AI 绘画创作、进行工业设计、生成营销海报等。

当前，已经有一些功能强大的通用大模型在 To B 和 To C 场景中落地应用。未来，大模型的 To B 和 To C 应用将会进一步拓展，服务更多的企业和个人用户。

3.2 玩家涌入大模型赛道，产业趋于繁荣

ChatGPT 问世后，其背后的核心支撑大模型受到广泛关注，众多玩家纷纷涌入大模型赛道。谷歌、百度、中国科学院自动化研究所是其中的翘楚，纷纷推出自己的大模型产品。

3.2.1 谷歌：引领潮流，推出大语言模型 PaLM 2

2023 年 5 月，在谷歌"年度开发者大会"上，谷歌展示了自己的最新技术和产品，重点展示了大语言模型 PaLM（Pre-trained Language Model，预训练语言模型）2。PaLM 2 是谷歌推出的新一代通用大模型，可以进行数学推理、语言翻译、应用开发等。当前，PaLM 2 已经应用于搜索、办公、聊天机器人 Bard 等产品中。

PaLM 2 使用谷歌的定制款 AI 芯片，运行效率得到提高。PaLM 2 支持 20 多种编程语言和 100 多种自然语言，在强大功能的支持下，以 PaLM 2 为驱动的升级版 AI 聊天机器人 Bard 的性能不断提升。

在 PaLM 2 的支持下，Bard 能够根据用户需求生成多种语言表示的、更加精准的回复。Bard 已经接入多种编程工具，拥有强大的编程能力。在与 Bard 交互的过程中，用户可以将 Bard 生成的内容导出至谷歌文档、谷歌 Colab 交互式编码工具以及第三方协作编程 App 中。未来，Bard 将与零售巨头沃尔玛、音乐流媒体 Spotify、送餐服务平台 Uber Eats、旅游网站 Tripadvisor 等应用融合，为更多应用赋能。

谷歌表示，通过大量的数据对该模型进行训练，并对模型架构和算法进行优化，该模型有更加出色的表现。和 PaLM 模型相比，PaLM 2 在自然语言处理、编码等方面的能力都实现了提升。PaLM 2 还使用了基于知识的自适应技术，能够在不同场景下调整模型结构、模型参数等，使模型能够灵活适应不同应用场景的需求，提供更加精准的解决方案。

除了应用于谷歌旗下产品、为合作伙伴赋能外，谷歌还计划实现 PaLM 2 开源，为更多开发者提供数据和模型服务，促进大模型的发展。

3.2.2　百度：基础大模型 + 任务大模型 + 行业大模型

百度在大模型领域早有布局，其在 2019 年发布了预训练模型 ERNIE（Enhanced Representation from Knowledge Integration，知识增强的语义表示）1.0，即文心大模型。此后，百度持续进行大模型研发并探索产业应用。

文心大模型具有两大优势。

一方面，文心大模型具备丰富的基础知识。百度将拥有数千亿条知识的多源异构知识图谱用于训练文心大模型，文心大模型基于海量的数据及大规模知识进行学习。在强大语料库的支持下，文心大模型具备深厚的知识积淀。

另一方面，文心大模型可实现多场景、多行业应用。当前，文心大模型已在百度搜索、百度地图、智能驾驶等场景中实现应用，服务数亿名用户。在行业落地方面，文心大模型携手百度智能云，实现了在金融、制造、传媒等行业的应用。

经过不断的探索和实践，文心大模型构建了"基础 + 任务 + 行业"的模型体系。其中，基础大模型主要聚焦提升通用性、破解技术挑战等方面；任务大模型理解任务特性、构建算法、训练数据，形成符合任务需求的模型能力；行业大模型融合行业数据和知识特性，构建适配行业的技术底座。任务大模型和行业大模型的构建离不开基础大模型的支持，同时，二者的应用实践和数据能够促进基础大模型优化。

百度基于文心大模型推出了数十个大模型，不断完善"基础 + 任务 + 行业"的模型体系，如图 3-2 所示。

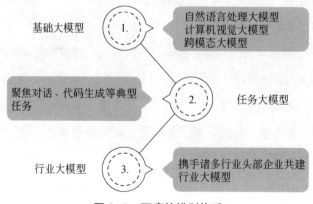

图 3-2　百度的模型体系

1. 基础大模型

基础大模型包括自然语言处理大模型、计算机视觉大模型、跨模态大模型。

（1）自然语言处理大模型。百度发布了文心系列自然语言处理大模型。其中，基于多范式的统一预训练框架，ERNIE 3.0 具备强大的自然语言处理能力，可以完成摘要生成、文案生成、诗歌创作、小说创作等任务。

（2）计算机视觉大模型。百度发布了 VIMER 系列计算机视觉大模型。其中，基于新的预训练框架，VIMER-CAE 提高了预训练模型的图像表征能力，在各类图像生成任务中呈现更好的效果。

（3）跨模态大模型。跨模态大模型包括文生图大模型、视觉—语言大模型等。其中，ERNIE-ViLG 2.0 文生图大模型是一个出色的 AI 绘画模型，在图像清晰度、传统文化理解等方面有显著优势。

2. 任务大模型

文心大模型面向典型任务推出了对话大模型、搜索大模型、信息抽取大模型、代码生成大模型、生物计算大模型等。其中，代码生成大模型 RENIE-Code 基于海量文本数据和代码进行训练，具备跨自然语言和编程语言的理解能力和生成能力，能够完成代码翻译、代码提取等任务。

3. 行业大模型

在行业大模型方面，百度携手诸多行业头部企业共建行业大模型。百度在金融、制造、传媒等领域，与浦发银行、吉利汽车、人民网等行业代表企业均有合作，积极进行行业大模型的探索。行业大模型作为重要的支撑底座，可以帮助行业实现技术突破、产品创新、流程优化，助力行业降本增效。

例如，百度与人民网携手打造的自然语言处理大模型基于海量传媒数据训练而成，可以提升传媒领域自然语言处理任务的完成效率，在内容审核、舆情分析、生成新闻摘要等方面有良好的表现。

此外，为了打造更加适配场景需求的基础大模型、任务大模型和行业大模型，文心大模型打通了大模型落地的关键路径，在工具平台、产品、社区等方面布局，为大模型落地提供支持，打造开放程度更高的大模型应用生态。

3.2.3　中国科学院自动化研究所：推出"紫东太初"大模型

除了科技巨头外，科研院所也是大模型领域的重要玩家。例如，中国科学院自动化研究所在大模型领域取得了突出成果。2023 年 6 月，在"人工智能框架生态峰会"上，中国科学院自动化研究所发布了"紫东太初"全模态大模型。

紫东太初全模态大模型是多模态大模型紫东太初 1.0 的升级版。紫东太初大模型在研发之初就以多模态技术为中心，通过文字、图像、语音等多种数据进行跨模态学习，实现了三种模态数据之间的相互生成。

而在初代版本的基础上，2.0 版本的紫东太初全模态大模型融入了视频、传感信号等更多模态的数据，实现了技术突破，具备全模态理解、生成、关联等能力。其可以理解三维场景、传感信号等信息，能够满足音乐视频分析、三维导航等多模态关联应用需求，并可实现视频、音乐等多模态内容理解和生成。

依托中国科学院自动化研究所自主研发的算法、昇腾 AI 硬件、昇思 MindSpore AI 框架、武汉人工智能计算中心等多方面的支持，紫东太初全模态大模型具备强大的通用能力，能够促进通用大模型的发展。

未来，紫东太初全模态大模型将深化在手术导航、内容审核、法律咨询、交通违规图像研读等领域的应用，并不断向新领域渗透。

3.3　产业发展趋势：大模型开源成为风潮

当前，在大模型火热的趋势下，很多企业都推出了自己的大模型。这些大模型未来将如何发展？要想实现大模型的长久发展，企业就需要将大模型打造为促进行业发展的基础设施，让大模型为更多人赋能。同时，大模型的长久发展也需要众多企业的共享和共建，基于以上要求，大模型开源成了必然趋势。

3.3.1　因何开源：防止垄断 + 数据保护 + 降低成本

自 OpenAI 开放 ChatGPT API 后，不少企业都紧跟趋势，推出了开源大模型，如 Meta 推出了开源大模型 LLaMA、Stability AI 发布了开源语言模型 StableLM 等。大模型因何走向开源？这主要基于以下三个原因，如图 3-3 所示。

图 3-3　大模型开源的三大原因

1. 防止垄断

从大模型发展的角度来看，大模型开源可以防止大型企业垄断大模型技术，以开源、协作的方式，促进大模型更好地发展。

大模型研发对数据收集、算力支持、资金投入等方面有很高的要求，这意味着只有资金充足、拥有数据和技术优势的企业才能研发大模型，这容易造成大型企业垄断大模型技术。而大模型开源可以让各行各业的企业参与大模型研发，携手推动大模型的发展。同时，开源的方式也能够减少重复性工作，让各大企业能够集中精力探索大模型的研发和应用。

2. 数据保护

从数据保护的角度来看，大模型开源可以保护企业隐私数据，使定制化数据训练成为可能。对于很多行业的企业而言，数据是其主要的竞争壁垒。大模型开源使企业可以在掌握数据所有权、实现数据保护的基础上，将自己的隐私数据用于大模型训练。在进行定制化数据训练时，开源大模型可以过滤掉无法满足训练需求的数据，降低模型训练的成本。

3. 降低成本

从算力的角度来看，大模型开源可以降低算力成本，推动大模型的普及。在研发和应用大模型的过程中，算力消耗主要包括训练成本消耗和推理成本消耗。

在训练成本方面，大模型的训练成本很高，很多企业难以承受，而开源大模型节省了企业在大模型预训练方面的成本支出。在推理成本方面，大模型的参数体量越大，推理成本越高，而借助开源大模型打造聚焦细分任务的垂直大模型，可以减小参数体量，减少企业使用大模型时的推理成本。

当前，大模型开源已经成为趋势，不少企业都进行大模型开源的探索。其中，AI 公司 Stability AI 是大模型开源领域的先锋。2022 年 8 月，Stability AI 推出了开源的 AI 绘画模型 Stable Diffusion，支持用户生成不同风格的绘画作品。

2023 年 4 月，Stability AI 推出了新的开源 AI 绘画模型 DeepFloyd IF。相较于 Stable Diffusion，DeepFloyd IF 模型的优势更加明显。首先，它可以精准绘制文字，给招牌中的文字设计合适的风格、排版等；其次，它可以理解空间关系，根据文字描述中的方位、距离等信息生成有逻辑、合理的场景；最后，基于进一步的细节调整，它可以对现有图像进行修改。

同样在 2023 年 4 月，Stability AI 还推出了开源大语言模型 StableLM，用户可以在开源社区 GitHub 中体验这一模型。Stability AI 表示，将在大模型领域持续深耕，推出新的大模型产品。

大模型有望成为推动数字经济发展、各行业变革的基础设施。同时，大模型的持续发展需要健康的生态，开源、协作的方式可以构建开放的生态，让更多企业参与到大模型的探索中来，推动大模型快速发展。

未来，在开源趋势下，更多企业将推出自己的开源大模型。而在不同开源大模型的竞争中，企业能够更好地提升自己的技术水平，推出能力更加强大的大模型，进而推动整个大模型行业获得良好发展。

3.3.2　多模态化：多模态开源大模型成为趋势

除了开源外，多模态也是大模型发展的重要趋势。作为大模型发展的两大方向，多模态与开源将紧密结合在一起。未来，多模态开源大模型将成为大模型发展趋势。

在多模态开源大模型方面，不少企业、机构已经做出尝试，商汤科技、智源研究院是其中的佼佼者。

1. 商汤科技：多模态开源大模型"书生 2.5"

2023 年 3 月，商汤科技发布多模态通用大模型"书生 2.5"，在多模态任务处理方面实现了突破。其强大的跨模态开放任务处理能力能够为自动驾驶、机器人等场景中的任务提供感知和理解能力支持。

"书生"大模型初代版本由商汤科技携手上海人工智能实验室、清华大学等科研机构于 2021 年发布，并持续进行合作研发。"书生 2.5"是一个多模态多任务通用大模型，可以接收不同模态的数据，通过统一的模型架构处理不同的任务，实现不同模态、不同任务之间的协作。

"书生 2.5"具备文生图的能力，可以根据用户需求，生成高质量的写实图像。这一能力可以助力自动驾驶技术研发，通过生成丰富、真实的交通场景，训练自动驾驶系统在不同场景的感知能力。

"书生 2.5"还可以根据文本检索视觉内容。例如，其可以在相册中找到文本所指定的相关图像；可以在视频中检索出与文本描述契合度最高的帧，提高检索效率。此外，其还支持引入物体检测框，从图像或视频中找到相关物体，实现物体检测。

除了在跨模态领域具有出色表现之外，"书生 2.5"还实现了开源。其已在开源平台 OpenGVLab 开源，为开发者开发多模态通用大模型提供支持。未来，"书生 2.5"将持续学习和迭代，实现技术突破。

2. 智源研究院：以"悟道 3.0"探索多模态开源大模型

智源研究院也是布局多模态开源大模型的先驱之一。2021 年，智源研究院发布了大模型"悟道 1.0"和"悟道 2.0"，虽然当时大模型的应用场景和具体产品还不明确，但智源研究院已经开始构建大模型基础设施。

作为在大模型领域布局较早的科研院所，在推出初代大模型后，智源研究院积极推动大模型迭代。在 2023 年 6 月召开的"北京智源大会"上，智源研究院发布了新一代大模型"悟道 3.0"。

"悟道 3.0"呈现出多模态、开源的特点。"悟道 3.0"包括"悟道·天鹰"语言大模型系列、"悟道·视界"视觉大模型系列以及丰富的多模态大模型成果。这些成果都实现了开源。

其中，"悟道·天鹰"语言大模型系列能够调用其他模型。对其给出一个文生图的指令后，其能够通过调用智源开源的多语言文图生成模型，准确、高效地完成文生图任务。

"悟道·视界"视觉大模型系列包括多模态大模型 Emu、通用视觉模型 Painter 等。其中，多模态大模型 Emu 可以接收多模态的内容，并输出多模态内容，实现对图像、文本、视频等不同模态内容的理解和生成。在应用中，Emu 可以在多模态序列的上下文中补全内容，实现图文对话、文图生成、图图生成等多模态能力。

在开源方面，智源研究院致力于基于大模型构建完善的开源系统。智源研究院还打造了大模型技术开源体系 FlagOpen，实现模型、工具、算法、代码的开源。

FlagOpen 的核心 FlagAI 是一个大模型算法开源项目，集成了许多"明星"模型，如语言大模型 OPT、视觉大模型 ViT、多模态大模型 CLIP、智源研究院推出的悟道系列大模型等。这些开源大模型支持企业基于自身业务需求进行二次开发、对模型进行微调等，为企业应用大模型提供支持。

未来，随着多模态大模型的发展，其通用能力将大幅提升，而开源将成为多模态大模型发展的一大方向，以挖掘大模型的更大价值。多模态大模型的开源，不仅能够实现大模型技术的创新，还能够吸引更多用户使用，推动大模型广泛落地。

3.3.3　开源社区涌现，成为开源大模型聚集地

在大模型开源趋势下，市场中出现了不少开源社区。这些开源社区中聚集着开源大模型和其他开源工具，为开发者进行技术研发和交流提供平台。当前，市场中的开源社区数量不断增加，知名的主要有以下几个。

1.GitHub

GitHub 是一个开源的私有软件项目托管平台，支持开发者在其中托管自己的代码并进行版本迭代。基于免费、安全、开放、可协作等优势，GitHub 受到了很多开发者和企业的青睐。大模型兴起后，GitHub 平台中汇集了很多

开源大模型。

2023 年 4 月，复旦大学推出 MOSS 大模型，在开源社区 GitHub 和 Hugging Face 上线。MOSS 大模型支持中文和英文两种语言，拥有多轮对话、使用多种插件的能力，可以完成智能搜索、文生图、方程求解等任务。

除了复旦大学外，Meta、百川智能等企业也推出了开源大模型，并在 GitHub 上线。GitHub 在大模型开源发展过程中扮演着重要角色。

2.Hugging Face

Hugging Face 是一家快速发展的开源创业公司。基于对技术开源的坚持，Hugging Face 搭建了一个深受开发者喜爱的开源社区，支持其他企业发布开源项目。Hugging Face 不断进行技术研发，推出更多开源模型与工具。

2023 年 4 月，Hugging Face 发布了免费、开源的大模型 HuggingChat。HuggingChat 能够处理文本生成、代码生成、歌曲生成等多种任务，支持用户通过 Hugging Face 的 API 将大模型接入自己的应用程序。

3.OpenGVLab

OpenGVLab 是一个汇聚海量通用视觉模型的开源社区，开源项目覆盖数据、模型等方面，为多模态通用大模型的研发提供支持。在数据方面，OpenGVLab 拥有千万级超大规模精标注数据集，包括图像分类、目标检测等多项任务的标注数据，能够降低企业数据采集的成本。在模型方面，OpenGVLab 中的开源项目包括通用模型架构、预训练模型等，能够实现多领域、多任务的大模型训练。此外，OpenGVLab 提供多模态的通用视觉评测基准和专业的大模型评测结果，为开发者训练大模型提供指导。

4. 魔搭社区

魔搭社区是阿里巴巴推出的开源社区，提供优质的大模型应用、训练、部署等服务，大幅降低了大模型的应用门槛。魔搭社区中汇集了丰富的开源大模型，包括阿里巴巴的通义大模型、澜舟科技的"孟子"大模型等。未来，魔搭社区将继续帮助开发者将大模型转化为生产力，推动大模型领域的开源生态建设。

3.3.4 华为：以开源 AI 框架赋能大模型

2020 年 3 月，华为开源了全场景 AI 框架昇思 MindSpore，同时成立了开源社区。经过几年的发展，昇思 MindSpore 飞速成长，支持数千家企业和数百家高校进行 AI 创新。在大模型方面，昇思 MindSpore 提供一站式大模型服务，覆盖大模型开发、训练、微调、部署全流程。昇思 MindSpore 已经孵化了数十个大模型，包括紫东太初 2.0、CodeGeeX 等。

当前，大模型领域加速发展，华为紧跟潮流，于 2023 年 6 月推出了昇思 MindSpore 2.0。昇思 MindSpore 2.0 在易用性和功能上进一步升级，为原生大模型的研发提供技术与工具支持，如图 3-4 所示。

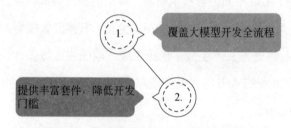

图 3-4 昇思 MindSpore 2.0 的两大升级

1. 覆盖大模型开发全流程

昇思 MindSpore 2.0 推出了覆盖大模型开发、部署全流程的解决方案，为企业进行大模型开发提供了一条"快车道"。

（1）在脚本开发环节，企业可以从模型库中一键导入模型，快速完成算法脚本的开发。

（2）在模型训练环节，基于强大的算力，昇思 MindSpore 2.0 支持千亿个参数的大模型进行训练，同时支持数据并行和模型并行，在提高算力利用率的基础上提高模型训练效率。

（3）在模型微调环节，昇思 MindSpore 2.0 集成多种低参微调的算法，提升了模型微调的效率，同时支持模型根据用户反馈进行强化学习，使模型更具适用性。

（4）在推理部署环节，昇思 MindSpore 2.0 提供模型压缩工具，支持分布式推理，以提升模型部署的效率。

2. 提供丰富套件，降低开发门槛

除了提供大模型开发全流程服务外，昇思 MindSpore 2.0 还在大模型的易用性上进行了升级，提供丰富的套件。昇思 MindSpore 2.0 推出了诸多场景化开发套件，实现了开箱即用，缩短了企业训练大模型的周期。同时，昇思 MindSpore 2.0 还与其他开源社区配合，通过 MSAdapter 套件实现了大量模型的迁移。

昇思 MindSpore 2.0 的升级大幅提升了其大模型开发技术支持能力，为企业抓住大模型发展机遇提供工具和平台。

华为积极推进开源社区的建设，在运营、人才培养、产业推广等方面进行了一系列的努力，致力于搭建一个开放的大模型"创造营"。

1. 运营方面：开放管理架构

2023 年 6 月，昇思 MindSpore 开源社区理事会成立。为了构建开放、多元的开源技术生态体系，集聚更多力量，华为采取了许多措施，如建立专业委员会、与业界开源基金会合作、与其他开源社区合作等。

2. 人才培养方面：助力开发者成长

在人才培养方面，针对不同阶段的开发者，华为提供不同的培养方案。在入门阶段，华为为开发者提供多样化的教材和课程，助力开发者进行 AI 学习；在实践阶段，华为通过实习、竞赛等活动为开发者提供实践机会；在创新研究阶段，华为提供学术基金，激励开发者进行科学研究。

3. 产业推广方面：推进多种活动

当前，大模型在软件领域的落地较为顺利，但实现多场景广泛落地还面临一些阻碍。基于昇思 MindSpore 2.0，华为启动了硬件加速计划，进行了诸多探索，如与硬件厂商联合开发、基于硬件设备举办推广赛事、与硬件厂商联合营销等。

在发展过程中，昇思 MindSpore 2.0 汇聚了数百个开源模型、服务过数千家企业，形成了渐趋完善的开源社区生态。未来，华为将继续进行技术研发，加速大模型落地，为更多企业和开发者提供多样化的大模型服务。

新型商业模式：
MaaS重构商业生态

第 4 章

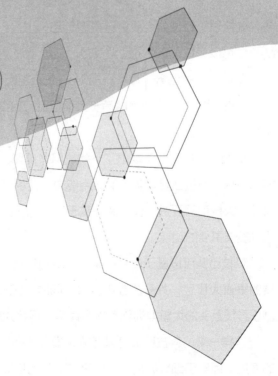

随着大模型的发展和应用，AI 领域出现了一种新的商业模式——MaaS。技术的进步使得大模型的发展逐渐走向标准化、规模化。这为大模型的产业化发展、应用普及以及构建 MaaS 生态奠定了基础。

MaaS 模式在 B 端和 C 端的商业化应用已显现出雏形。MaaS 模式能够以多样化的服务为企业赋能，更新用户使用各种应用的体验。未来，大模型有望作为新基建赋能各行各业，催生新的应用场景和商业模式。

4.1 MaaS 模式拆解

在探索 MaaS 模式如何落地之前，我们首先要了解 MaaS 的概念、产业结构，以充分挖掘 MaaS 模式的价值。

4.1.1 概念解析：MaaS 是什么

MaaS 是一种模型即服务的商业模式，即科技巨头提供收费的大模型服务，支持细分领域的企业进行模型训练，进而产生新的、更具针对性的大模型。MaaS 可以为各个行业的企业高效、低成本地使用、开发大模型提供支持。

不同行业的业务、技术、规则不同，这使得不同行业的大模型也存在差异。在 MaaS 模式下，用户可以基于大模型进行模型的调用、开发与部署，无须从 0 开始研发大模型。

例如，某科技巨头推出了一款通用大模型，基于庞大的参数规模、对海量数据的训练，大模型具备强大的通用能力，能够完成多种任务。而想要在细分领域落地，大模型需要进一步微调，基于细分领域的数据进行训练，以具备满足细分领域发展需要的功能。

科技巨头可以基于自身在某一领域的优势，基于通用大模型打造聚焦细分领域的垂直大模型，并开放应用接口。同时，细分领域的企业也可以作为开发者，基于科技巨头的大模型训练专属大模型，再将大模型开放给自己的用户。

这样一来，科技巨头可以开放大模型 API，收取细分领域的企业接入大模型的费用。而对于细分领域的企业来说，其可以以更低的成本使用大模型，并通过微调将大模型打造成更能满足自身需求的应用。基于 MaaS 模式，无论是实力强劲的科技巨头，还是想要布局大模型的新玩家，都可以从中获益。

4.1.2　MaaS 模式产业结构

从 MaaS 的产业结构来看，其以"底层模型—单点工具—多场景应用"为路径。以 ChatGPT 为例，其底层模型为 GPT-3.5，模型催生的单点工具是 ChatGPT，而 ChatGPT 能在智能对话、文案生成、代码生成等多个细分场景落地应用。

1. 大模型是 MaaS 的基座

大模型是 MaaS 模式的底层支撑。一些科技巨头推出了通用能力较强的基础大模型，并开放 API，支持用户调用。

2023 年 4 月，商汤科技公布了"日日新 SenseNova"大模型。该大模型具备内容生成、数据标注、模型训练等能力，为 B 端用户提供大模型能力支持。日日新 SenseNova 大模型为 B 端用户提供多种服务，如图片生成、自然语言生成、数据标注等。B 端用户可以根据自身需求，调用日日新 SenseNova 大模型的各项能力，低成本落地各种 AI 应用。

2. 单点工具是大模型的补充

单点工具指的是基于大模型而产生的各种应用。通过这些应用，更多用户可以体验到大模型的强大能力，并通过专业化的工具完成各种内容生成任务。例如，Jasper 是一个基于 GPT-3 模型的营销内容生成工具。Jasper 提供多样化的模板，能够生成广告文案、电子邮件、社交媒体营销文案等内容。

再如，在推出日日新 SenseNova 大模型时，商汤科技展示了一系列基于该大模型打造的 AI 应用。

（1）"秒画 SenseMirage"文生图创作平台：支持多种风格的高清图片生成，生成的图片光影真实、细节丰富，具有较高质量。

（2）"如影 SenseAvatar"AI 数字人视频生成平台：可以根据真人视频素材生成声音及动作自然的 AI 数字人视频，支持多种语言。

（3）"琼宇 SenseSpace"3D 内容生成平台：可以生成大规模、场景真实的虚拟场景，以及其中的精细化物品。

相较于大模型，这些单点工具更具针对性，其在各细分领域的应用将改变这些领域的生产范式，为内容生产打开新的空间。

3. 多场景应用为大模型变现提供路径

虽然当前还没有出现适合所有场景的通用大模型，但是很多大模型覆盖的领域不断拓展。随着大模型及单点工具不断发展，大模型覆盖的领域会越来越多。

以 GPT 系列模型为例，该系列模型产出了多种单点工具，如 ChatGPT、Jasper 等。这些单点工具的应用场景不断蔓延。例如，ChatGPT 可用于代码生成、智能搜索、文学创作等诸多场景中；Jasper 可应用于营销文案生成、视频生成、网站运营等诸多场景中。

未来，随着大模型的发展，基础大模型的数量、基于大模型产生的单点工具的数量都会持续增长，大模型所覆盖的应用场景也会进一步蔓延。

4.2 MaaS 模式在 B 端的商业化落地

B 端是大模型落地的重要场景。大模型在 B 端应用的场景壁垒与数据壁垒较高，业务流程也更加复杂。基于此，大模型在 B 端的应用价值更加凸显。当前，MaaS 模式在 B 端的商业化落地已经展现出了比较清晰的路径。为 B 端用户提供大模型服务，成了许多企业发展大模型的着力点。

4.2.1 聚焦高价值领域落地

MaaS 模式在 B 端的商业化落地应从高价值领域入手，再逐步向更多领域拓展，以形成繁荣的 MaaS 生态。

从降本增效的角度来看，MaaS 模式将率先在营销、工业制造等高价值领域落地，变革这些领域的内容生产范式，提升行业运转效率。例如，在营销领域，MaaS 应用可以为 B 端用户提供定制化的营销服务，包括支持 B 端用户训练自己的专属营销模型、帮助 B 端用户生成营销广告及营销方案等。

同时，MaaS 应用能够赋能企业发展的多个环节，优化企业运作流程。以工业制造企业为例，MaaS 应用可以融入工业制造的多个环节，推动工业制造企业智能化发展。

在开发环节，开发者可以基于大模型生成代码，由大模型完成重复性的代码生成任务。

在产品设计环节，设计师可以基于大模型的图像生成能力进行三维可视化设计，提升设计效率。大模型甚至可以直接生成设计方案并说明设计方案的优缺点，为设计师的创新提供灵感。

在生产制造环节，大模型能够辅助工人精准设置设备的参数，为工人提供精细化的操作指引。在生产线出现故障时，大模型能够快速诊断并提供解决方案。例如，针对多流程工艺环节，大模型可以生成各环节工艺参数并输出报告，为企业决策提供依据。

在运营管理环节，大模型可以理解、分析 ERP（Enterprise Resource Planning，企业资源计划）、SRM（Supplier Relationship Management，供应商关系管理）等系统中的运营数据。基于此，其可以根据企业需求生成 AI 分析报告。同时，大模型也能够与企业各种数据系统融合，实现多维度的数据分析。例如，大模型可以生成 Excel 表格并进行数据分析，帮助管理者了解工厂的运营情况，为管理者的运营决策提供依据。

在服务环节，大模型可以提高产品或服务的响应效率，并创造新的服务形式。大模型可以接入智能家居、智能早教机器人等产品中，提升产品的智能性；可以接入智能客服产品中，提升智能客服的业务处理速度和客户服务水平。此外，大模型能够为抖音、微博等平台生成营销内容，并实现与用户的实时互动，助力产品或服务推广。

大模型在知识密集型领域具有巨大的应用潜力，MaaS 模式可以推动大模型在这些领域落地。通用大模型具备很多领域的基础知识，但在金融、医疗、法律等知识密集型领域，通用大模型往往难以处理复杂的任务。

MaaS 模式为大模型在垂直领域的落地提供了一种有效的方式。企业只需要调用大模型接口，使用垂直领域的各种数据进行训练，就能够得到适用于个性化场景的应用。

聚焦垂直领域的大模型进一步发展，为领域内的企业赋能。例如，2023 年 5 月，度小满发布了金融行业垂直开源大模型——"轩辕"。基于在金融领域的多年实践，度小满积累了海量金融数据，打造了一个可以用于模型预训练的数据集。该数据集包括金融研报、股票、银行等方面的专业知识，有助于提升"轩辕"处理金融领域问题的能力。

"轩辕"在金融名词解释、金融数据分析、金融问题解析等场景任务中的表现十分突出。其能够对金融名词、概念进行专业、全面的解释，在回答提问时，会给出专业的建议和判断。例如，在分析熊市、牛市对投资人的影响时，"轩辕"除了解读熊市、牛市的概念外，还会给出相应的投资建议与趋势分析。

自发布后，"轩辕"已经吸引了上百家金融机构试用，为这些机构提供大模型支持。金融行业中许多中小机构的业务规模、科技水平等与大型金融机构有较大差距，而"轩辕"能够为积极拥抱大模型的中小金融机构提供技术支持，缩小其与大型金融机构的技术差距。

基于 MaaS 模式在 B 端的落地，越来越多的 B 端用户借助大模型研发专属模型或将大模型集成到自己的产品中，以提升自身竞争力，为用户提供更好的产品使用体验。

4.2.2 开放 API，助力企业产品迭代

开放 API 是大模型为更多企业提供服务的基础，也是 MaaS 模式在 B 端落地的主要方式。

企业可以借助开放的大模型 API，将自有的产品文档、客服对话等数据用于大模型训练，以得到专属的私有模型。使用企业隐私数据进行训练，私有模型能够生成更具针对性的内容，为用户提供个性化的服务。同时，基于开放的大模型 API，企业可以升级自己的产品，推动产品迭代。

自 ChatGPT 开放 API 后，不少企业都接入 ChatGPT，以更新产品、提升用户体验。汤姆猫是一家互联网企业，以"会说话的汤姆猫家族"为主营 IP。汤姆猫打造了完善的线上线下产业链，业务覆盖许多国家，旗下的汤姆猫系列游戏十分受欢迎，累计下载量超过百亿次。

为了充分挖掘"会说话的汤姆猫家族"IP 的价值，汤姆猫将系列游戏与新技术融合，升级互动场景，提高用户的体验。在 ChatGPT 引起市场关注后，汤姆猫积极接入 ChatGPT，借助 ChatGPT 底层模型进行产品的测试和研发。

当前，汤姆猫已经完成了 AI 语音互动功能的测试，给旗下产品增加了语音识别、语音合成、性格设定等功能，并对语音交互、连续对话等功能进行验证，进行了相关技术应用的可行性测试。

除了汤姆猫外，360、百度等科技巨头纷纷推出大模型产品并开放 API，为各个行业的企业赋能。以 360 公司为例，2023 年 6 月，360 公司宣布将面向企业和开发者开放旗下通用大模型"360 智脑"API，为行业提供大模型解决方案。这些解决方案将率先在传媒、能源等行业落地，为企业级用户的办公写作、决策分析、客户服务等赋能。

总之，大模型 API 可以帮助企业将大模型的各项能力集成到自己的产品中，提升产品的性能，实现产品功能升级，促进产品迭代与新产品研发。未来，MaaS 应用将在 B 端广泛落地，赋能更多行业和企业。企业可以根据自己的实际需求，选择适合自己的 MaaS 应用。

4.2.3　以平台助力，提供一站式 MaaS 服务

除了开放大模型 API 外，不少企业在 MaaS 服务方面进行了更加全面的布局，依托自身的技术实力打造一站式 MaaS 服务平台，为 B 端用户调用、微调、应用、管理大模型提供一站式服务。

2023 年 5 月，在"文心大模型技术交流会"上，百度智能云展示了文心大模型在技术研发、生态建设等方面的新进展，其中便包括处于内测中的"文心千帆"大模型平台。文心千帆大模型平台是一个企业级大模型生产平台，集成了文心一言大模型及其他第三方大模型，为企业开发和应用大模型提供整套工具，为企业提供一站式大模型服务。

文心千帆大模型平台主要提供两项服务：一是以文心一言为依托提供大模型服务，帮助企业迭代产品及优化生产流程；二是支持企业基于平台中的大模型，训练自己的专属大模型。基于这两项服务，文心千帆大模型平台有望在未来发展

成为大模型生产、分发的集散地。

文心千帆大模型平台支持海量数据处理、数据标注、大模型训练和微调、大模型评估测试等大模型开发的多种任务，覆盖大模型开发全流程。当企业得到与自身业务结合的专属大模型后，文心千帆大模型平台还提供大模型托管、大模型推理等服务，使企业可以更加便捷地使用大模型。

文心千帆大模型平台在应用方面具有诸多优势。在易用性方面，用户不需要了解代码就能够在文心千帆大模型平台中进行各种操作，实现模型训练和微调。在开放性方面，文心千帆大模型平台集成了诸多第三方大模型，能够覆盖更多的领域和场景。在能力拓展方面，除了平台自身的大模型能力外，文心千帆大模型平台还通过插件机制，集成了多种外部能力，以进一步提升平台的服务能力。

在交付模式方面，文心千帆大模型平台支持公有云服务、私有化部署两种交付模式，满足不同企业对大模型的不同需求。

在公有云服务方面，文心千帆大模型平台提供推理、微调、托管等服务。其中，推理服务支持企业直接调用平台内大模型的推理能力；微调指的是帮助企业通过高质量数据训练，生成针对特定行业的行业大模型；托管指的是对企业训练后的大模型进行后续管理，保证大模型稳定运行。这三种服务大幅降低了大模型的应用门槛。

在私有化部署方面，文心千帆大模型平台开放软件授权，企业可以在自己的环境中使用大模型；提供完善的大模型软件和硬件基础设施支持；提供硬件和平台能力的租赁服务等，满足企业对大模型私有化部署的需求。

当前，文心千帆大模型平台已经和用友、宝兰德等生态伙伴签约。未来，其将通过更加完善的生态建设驱动 MaaS 服务在更多领域、场景落地。

除了百度智能云推出文心千帆大模型平台外，字节跳动旗下云服务平台"火山引擎"于 2023 年 6 月推出 MaaS 平台"火山方舟"，面向企业提供大模型训练、微调等服务。当前，火山方舟汇聚了 IDEA 研究院、智谱 AI 等多家企业推出的大模型，并启动了邀请测试。

火山方舟支持企业进行模型精调和效果测评。企业可以用统一的工作流对接多个大模型，测试不同模型的功能，再从中选择能够满足自身业务发展需求的模型。同时，企业还可以基于不同场景的需求使用不同的模型，通过模型组合使用的方式赋能业务发展。

企业在使用大模型时需要解决安全与信任问题。在这方面，凭借安全互信计算技术的支持，火山方舟可以有效保证用户数据资产安全。

字节跳动内部的很多业务团队积极试用火山方舟，利用大模型实现降本增效。这些内部实践加速了火山方舟的优化完善，使平台能力进一步增强。同时，火山方舟邀请了金融、汽车等行业的多家企业进行内测。未来，其平台服务将与客户营销、协同办公等场景结合，提升企业的运营能力。

 4.3　MaaS 模式在 C 端的商业化落地

除了 B 端外，MaaS 模式也可以在 C 端落地。MaaS 模式在 C 端落地将促进 C 端应用迭代和功能升级，为用户带来更好的使用体验。

4.3.1　MaaS 模式在 C 端落地的三大路径

MaaS 模式在 C 端落地将驱动 C 端应用从可用向好用发展，提升用户体验。从商业化应用的角度来看，MaaS 模式在 C 端落地的路径有以下三条，如图 4-1 所示。

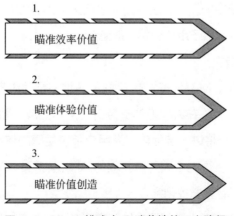

图 4-1　MaaS 模式在 C 端落地的三大路径

1. 瞄准效率价值

在提升效率价值方面，MaaS 模式将变革编程工具、文档工具等，提升用户办公效率。例如，CodeGeeX 是一个基于大模型的 AI 编程工具，能够完成代码生成、代码翻译、代码补全等任务，支持数十种编程语言，向用户免费开放；能够提高用户的编程效率和质量，降低编程门槛。用户可以通过网页版、VS Code 插件等多种方式使用 CodeGeeX。

2. 瞄准体验价值

提升体验价值是 MaaS 模式的发力点之一。在这方面，数字人、游戏等注重用户体验的领域将率先产生变革。

2023 年 6 月，在"360 智脑大模型应用发布会"上，360 公司同时发布了基于大模型的智能应用"AI 数字人广场"。该应用支持用户与其中的 200 多个角色互动，包括"孙悟空""诸葛亮"等著名人物角色。

"AI 数字人广场"中的数字人包括两类：一类是大众熟知的数字名人，另一类是为用户提供各种专业服务的数字助理。数字名人能够根据用户的提问给出相应的回答或建议，而数字助理的回答则更加专业，可以提供专业的法务知识、策划方案等。同时，该应用还支持数字人定制，能够根据用户上传的私人数据为用户生成人设、性格鲜明的专属数字人。

当前，该应用还处于研发阶段，并未上线。但这一应用展示了 MaaS 模式在 C 端落地的一种可行性路径。基于大模型的赋能，数字人有望变得更加智慧，不仅可以完成更加复杂的工作，还将拥有接近人类的思维方式、鲜明的性格特征等，能够以朋友的身份给予用户更贴心的陪伴。

3. 瞄准价值创造

在价值创造方面，MaaS 模式在 C 端的落地将推动内容大爆发，提升 C 端消费级应用的服务能力。在大模型的支持下，文本生成、图像生成、视频生成、3D 建模等应用的功能将进一步优化，为用户带来便捷的使用体验。当前，各大开源社区中汇聚了许多面向个人用户开放的 AI 绘画工具、AI 编程工具等，可以辅助用户进行研发设计，发挥创意。

此外，许多应用将在大模型的支持下实现升级。当前，阿里巴巴搭建了较为完善的 MaaS 体系，包括基础通用大模型、企业专属大模型、API 服务、开源社区等。未来，阿里巴巴所有产品，包括淘宝、闲鱼、高德地图等，都将接入大模型，实现升级，优化用户的使用体验。

MaaS 模式将沿着以上三条路径向 C 端的更多领域、场景蔓延。随着各企业的大模型研发实践更加深入，基于大模型的 AI 产品将在未来密集落地，覆盖人们生活的方方面面。

4.3.2　智能硬件成为承载个性化大模型的主体

2023 年 4 月，天猫精灵接入阿里巴巴通义大模型，开启相关内测招募。根据天猫精灵公布的演示 Demo，接入"通义千问"后，天猫精灵将变得更加智能，在知识丰富性、沟通人性化与个性化方面都将得到提升，将成为更具温度、更加个性化的智能助手。

大模型与天猫精灵的结合，展现了大模型在智能硬件领域的应用价值。未来，在大模型的支持下，智能硬件将进入更多场景，C 端个性化定制将成为大模型应用的新方向。

个性化大模型更加适用于 C 端场景，例如，在居家场景中，搭载个性化大模型的智能硬件被赋予角色设定，包括身份、性格、偏好等。当用户与智能硬件沟通时，智能硬件可以生成个性化的回复，并通过个性化的语音与用户沟通。

基于此，为通用大模型注入个性化因素成为重要的探索方向，而智能硬件作为个性化大模型的承载主体，将成为新的流量入口。同时，智能硬件也可以基于大模型实现新生。一直以来，传统智能音箱、扫地机器人等家居产品在智能性方面饱受诟病，而接入大模型则可以使这些智能硬件具备更加智能的功能，满足用户更多个性化需求。

此外，在大模型的助力下，更加先进的智能硬件，如智能陪护机器人、早教机器人等有望实现技术创新，获得进一步发展。例如，智能陪护机器人可以与用户进行个性化互动，与用户顺畅地沟通。基于此，智能陪护机器人可以精准了解用户需求，为用户提供更加贴心的服务。除了提供多样化服务、安全监护外，凭借大模型智能生成能力，智能陪护机器人还拥有多媒体娱乐功能。

总之，个性化大模型能够实现智能硬件交互方式、功能等方面的升级，满足用户的个性化需求。未来，个性化大模型有望率先在智能家居领域实现应用。

4.3.3 云从科技：面向 C 端发布"从容"大模型

作为深耕 AI 领域多年的 AI 科技公司，云从科技紧跟 AI 发展趋势，交出了自己的答卷。2023 年 5 月，云从科技推出了自主研发的大模型——"从容"大模型。"从容"大模型主要面向 C 端，为用户提供更加智能、便捷的 AI 应用。

基于实时学习和同步反馈结果，"从容"大模型能够为 AI 应用落地提供助力，加速个性化 AI 应用的普及。基于上下文学习能力，"从容"大模型能够实现更好的交互，可应用于游戏、金融等方面，为用户提供更好的服务体验。

在传媒方面，凭借"从容"大模型的支持，云从科技推出了数字人直播平台。在平台中，用户可以自由选择背景、主播库、语音、直播的视觉风格等。大模型可以生成直播文稿、在直播中回答互动问题等，大模型也会对直播进行监控，为主播生成各种直播内容提示。

在教育方面，众数信科基于"从容"大模型打造了智能教育 AI 精灵。教师可以借助 AI 精灵批量生成不同类型、不同难度的题目。AI 精灵可以作为教师的助手，对学生的学习表现做出评价，减少教师的工作量。

在游戏方面，云从科技致力于推动大模型在游戏领域的应用，以提升游戏开发、发行的效率。其与游族网络携手，共同研发游戏领域的垂直大模型，合作成果将应用于游族网络的产品研发、产品发行环节中。

在金融方面，云从科技基于"从容"大模型研发的虚拟客户经理具备多样化的智能交互能力，如智能问答、多意图理解、动态追问等。虚拟客户经理可以提升金融机构的客户服务能力，实现从客户引流、营销到客户运营全流程的智能化。

在智慧城市方面，"从容"大模型能够结合当天的天气情况、交通情况等，为出门游玩的市民提供科学的出行建议。

在"从容"大模型发布会上，云从科技与神州信息、游族网络、今世缘等企业达成了合作，将携手探索基于大模型衍生的多样化产品，推动 AI 产品智能化。此外，云从科技还与华为昇腾、厦门文广等开展大模型生态合作，推动"从容"大模型成熟。

4.4 MaaS 模式成为大模型厂商的核心商业模式

随着大模型日趋成熟，一些大模型厂商积极推动大模型落地，形成了一种独特的核心商业模式——MaaS 模式。MaaS 模式主要有三种收费方式，分别是订阅制收费、嵌入其他产品获得引流收入、开放 API 和定制开发收费。

4.4.1 订阅制收费

MaaS 是一种全新的商业模式，能够为企业提供多种高质量的大模型，帮助企业低成本地获得优质服务。与其他商业模式相比，MaaS 模式更加灵活、适应性更强，能够根据企业的发展目标与业务，为企业提供个性化的问题解决方案。订阅制收费是 MaaS 模式的主要收费方式，ChatGPT 便是这种盈利方式。

ChatGPT 分为免费版和付费版。OpenAI 最早推出的免费版 ChatGPT 被称为研究预览版（Research Preview Launch）。该版本推出一周后，便收获了近百万名粉丝。截至 2023 年 1 月，其活跃人数达到 1 亿，增长速度极快。但高速增长引发许多问题，例如，大量用户涌入导致 ChatGPT 服务器崩溃。为了避免这种情况，OpenAI 采取了许多限流手段，包括禁止来自云服务器的访问、限制每小时的提问数量、在高峰时段用户需要排队等。

ChatGPT 免费版面临诸多问题，对此，OpenAI 实行订阅制收费，推出了付费版 ChatGPT。订阅付费版 ChatGPT 被称为 ChatGPT Plus，收费标准是每个月 20 美元。ChatGPT Plus 付费用户可以享受三项增值服务，分别是高峰时段免排队权、快速响应和新功能优先试用权。在 ChatGPT 的访问高峰期，用户可能需要排队几个小时，因此，付费用户能够在高峰期免排队访问 ChatGPT 这一增值服务极具吸引力。

OpenAI 还推出内测付费版 ChatGPT Pro，每个月的服务费为 42 美元，增值服务是全天可用、快速响应和优先使用新功能。ChatGPT Plus 版本和 ChatGPT Pro 版本的区别需用户自己去探索。

除了 OpenAI 外，还有一些企业积极探索订阅制收费。Jasper.AI 是一家人工智能企业，其推出了 AI 写作助手 Jasper。Jasper 的底层模型是 GPT-3，能够进行文本生成。Jasper 能够为用户提供写作模板，完成广告文案创作、邮件写作、社交媒体推文撰写等任务，满足用户在不同场景下的需求。为了更好地服务用户，Jasper 推出了多档订阅服务。订阅服务的收费标准主要有三种，最低 29 美元。

Copy.ai 是一种文本生成工具，能够借助 AI 生成优质文本。其用户数量众多，包括微软、eBay 等知名企业。Copy.ai 的使用十分简便，用户只需要输入文本要求，便可生成相应的内容，还可以添加、删除文字，更改文本格式。Copy.ai 使用的是订阅制收费，用户可以包月或包年，月费是 49 美元，年费是 332 美元。对于大型企业，Copy.ai 还能够为其提供专属服务。

随着应用研发的深入，产品订阅费用将会逐步降低，能够吸引更多用户，扩大消费需求。订阅制收费的背后有广阔的市场空间，大模型厂商应抓住这一发展机遇。

4.4.2　嵌入其他产品获得引流收入

除了订阅制收费外，嵌入其他产品获得引流收入也是 MaaS 模式的收费方式之一。例如，微软通过为其他软件提供服务获得收入。

2023 年 2 月，微软推出了一项名为 Microsoft Teams Premium 的收费服务。Microsoft Teams Premium 主要用于视频会议、远程操作等场景。这项收费服务于 2023 年 2 月上线，其 6 月的价格为 7 美元 / 月，7 月则恢复为原价——10 美元 / 月。

该项收费服务由 OpenAI GPT-3.5 提供支持，具有智能回顾这一重要功能。智能回顾具有自动生成会议记录、标记重点信息等功能，能够为错过会议或者需要回顾会议的用户提供帮助。

智能回顾功能能够显示参与会议的每位用户的名字、被提及的时间、进入会议和离开会议的时间等。智能回顾功能还能够标记演讲者的演讲开始时间和结束时间，便于与会者在会后回顾会议内容，了解会议重点。

微软旗下的客户关系管理软件 Viva Sales 将接入 OpenAI 的 GPT-3.5 模型，帮助销售人员减轻工作负担。基于 GPT-3.5，Viva Sales 可以自动回复用户的问题。例如，销售人员可以根据用户的问题选择提供折扣、回答问题等选项，Viva Sales 会自动生成回复内容。Viva Sales 还会对用户的历史数据进行分析，并生成个性化的文本与营销邮件，助力销售人员实现业绩增长。Viva Sales 的收费标准为每月 40 美元，将为微软带来可观的收入。

此外，微软于 2023 年 3 月在发布会上宣布推出一项名为 Copilot 的 AI 服务。Copilot 能够应用于工作中，帮助用户生成文档、PPT（PowerPoint，演示文稿）、电子邮件等。Copilot 可以嵌入 Word、PPT 等办公产品中。

Copilot 被嵌入办公产品后，能够根据办公产品的特点与功能完成不同的任务。例如，Copilot 嵌入 Word 中能够生成文本；Copilot 嵌入 Excel 中，能够对数据进行分析并生成图表；Copilot 嵌入邮箱中，能够帮助用户进行内容管理，包括整理收件箱、回复邮件等。

总之，微软一直探索 MaaS 模式，致力于为用户提供更加优质的服务，谋求更好的发展。

4.4.3 开放 API 和定制开发收费

部分企业通过为客户开发工具提供模型支持收费。以 OpenAI 为例，OpenAI 致力于为用户提供开源大模型，并开放 API，以获得更多收益。

DALL·E 是 OpenAI 推出的一个 AI 生成图像模型，能够对图像进行编辑和创建。如果企业对 AI 生成图像有需求，可以将该模型应用于自身产品中。

Mixtiles 是一家创业企业，与 OpenAI 合作，在自身产品中融入 DALL·E 模型，帮助用户完成内容创作。

Cala 是一个发售时尚品牌的零售平台，也搭载了 DALL·E 模型。Cala 为有想法的用户提供零售平台，用户可以在该平台设计、售卖自己的品牌。Cala 能够提供一站式服务，包括产品的构思、设计、售卖等。用户可以使用搭载

DALL·E 模型的数字工具上传文本描述或者参考图像，该平台可以根据用户的需求输出设计图。

与 Mixtiles 相比，Cala 对于模型的应用的商业化程度更高，对细节的要求也更高。虽然二者都使用 DALL·E 模型，但收费存在较大差异。总之，即便是同一个大模型，面对不同的客户需求，收费也不同。客户的要求越高，大模型的收费标准则越高。

大模型+数据服务：

引爆数据服务市场

第 5 章

　　AI 的快速发展离不开数据的支持，数据是大模型发展的关键要素。在这样的前提下，大模型对数据资源的需求将不断增加，越来越多的企业开始探索数据服务，为大模型提供优质数据源，引爆数据服务市场。

5.1　大模型趋势下，数据资源需求增加

　　随着 AI 技术的发展，大模型成为企业研发新趋势。但是大模型的训练需要高质量、大规模、多样性的数据，对数据的要求十分高。在这样的趋势下，数据标注服务需求爆发，数据训练需求带动版权 IP 需求爆发，许多企业进入数据服务领域。

5.1.1　数据标注服务需求爆发

　　随着 AI 行业的持续发展，大模型变得越发复杂，对算力的要求越来越高，这拉动了训练数据的需求量。随着企业对训练数据的数量与质量的需求不断增加，数据标注服务需求将会爆发，推动数据标注行业快速发展。

　　在企业的实际业务场景中，只有经过处理的数据才能够用于部署、训练以及调试对应的模型，这便是数据标注的价值。根据有关机构的统计，在一个 AI 项目中，最耗时的环节是数据处理，其中数据标注占比高达 1/4。

　　AI 训练数据标注需求主要以计算机视觉类、智能语音类和 NLP（Natural Language Processing，自然语言处理）类为主。而随着人机交互技术的发展，智能语音类和 NLP 类数据标注需求将持续增加。巨大的市场需求推动训练数据的质量不断提高，同时，数据标注产品和服务的价格将持续上升。观研天下数据中心采用相对价格指数表示数据标注产品和服务的价格水平，以 2021 年的价格（100）为基准，可以发现数据标注的价格不断上涨，在 2029 年将达到 112.3。

　　与此同时，国内的数据标注仍旧以定制化服务为主，标准化产品占比较低。根据有关机构的数据统计，我国 2021 年数据标注市场中定制化服务占比高达 85.41%。伴随着 AIGC 行业的发展与相关产品的落地，企业将推出智能化的数据服务产品与数据标注平台，提高自身的行业竞争力。

5.1.2 数据训练需求带动版权 IP 需求爆发

AIGC 发展火热，吸引许多企业进入这一领域，推出自主研发的大模型。例如，阿里巴巴发布了"通义千问"大语言模型，商汤科技推出日日新 SenseNova 大模型，昆仑万维发布"天工"大语言模型等。大模型的训练离不开海量数据的支持，因此，拥有稀缺数据以及版权 IP 的企业在大模型的发展浪潮中也获得了发展。

以 OpenAI 为例，其用于训练的数据来源较为丰富，包括社交新闻、期刊、杂志、各类书籍等。OpenAI 正是凭借丰富的数据打造了优质的大模型。如今，各个企业都尝试自主研发大模型，这使得数据的重要性进一步提升。

已经有企业与大模型企业展开合作，为其提供优质的数据。例如，中文在线作为图书出版领域的佼佼者，拥有许多中文独家书籍，能够为企业提供独家数据库；中信出版启动 AIGC 数智化出版项目，实现了 AI 在出版行业的应用，能够有效降低成本。中信出版还利用 AIGC 技术重塑收入模式，不断积累数字资产。

大模型训练离不开版权 IP，大模型企业可以借助版权 IP 实现高质量输入与输出，版权 IP 将释放更多价值。在大模型开发的过程中，版权 IP 会受到各个企业的青睐。同时，大模型能够反哺版权 IP，提升内容生产效率，实现降本增效。

例如，百度"文心一言"与专注于提供、运营新文创 IP 内容的百纳千成共同研发产品，致力于推动 IP 产业变革。百度"文心一言"还与视觉中国合作，持续为创作者赋能，助力版权保护，共同探索 AIGC 行业的发展方向。

总之，大模型的数据训练需求将带动版权 IP 需求爆发，为内容生产赋能，推动内容创作生态繁荣发展。

5.1.3 中文在线：成为多家大模型厂商的合作伙伴

ChatGPT 的火热引发了 AIGC 热潮，许多企业尝试将 AIGC 技术与业务相结合，获得全新的发展动力。

中文在线是一家数字内容供应商，拥有丰富的数字内容资源。为了能够在多模态 AIGC 产品研发方面占据优势，中文在线与智源研究院展开合作，并签署了相关协议。

中文在线不仅拥有丰富的文化内容数据资源，还拥有丰富的应用落地场景。此次与智源研究院合作，有利于实现大模型的产业化应用，在内容垂直性方面取得突破性进展。

智源研究院是一家专注于人工智能领域的研发机构，其在 2021 年发布了国内首个超大规模的智能模型"悟道 1.0"，同年发布了参数高达 1.75 万亿个的"悟道 2.0"大模型，这是当时首个万亿级模型，具有重大意义。同时，智源研究院在模型架构方面有所成就，推出了 GLM 2.0，打破了 BERT 和 GPT 的壁垒，使单一模型能够同时完成自然语言理解与生成任务。

在大模型时代，成功的机遇隐藏在应用层中。因此，智源研究院着眼于"悟道"系列大模型的应用，极力实现 AI 产业化发展。

中文在线能够为智源研究院提供多种多样的应用场景，助力大模型落地。中文在线拥有丰富的行业经验，目前已经在文字、音频、视频等多个领域进行了探索，具有承载 AIGC 产品落地应用的实力。

在达成合作后，中文在线与智源研究院从数字文化内容生成和研发两个方面入手，打造聚焦数字文化内容生成的垂类小模型，并推动其落地应用。双方的合作有效提高了数字文化内容的创作效率和内容丰富性，拓展了 AIGC 技术的应用场景。

在大模型浪潮下，中文在线与智源研究院都走在了前列。智源研究院顺应人工智能发展潮流而成立。中文在线则积极拥抱人工智能浪潮，不仅打造了 AI 产品，还利用 AIGC 技术辅助内容创作，推动内容生产方式发生变革。二者的合作实现了技术与场景的结合，有利于打造更多优质的垂类模型，提升内容生产效率，降低内容生产成本。

中文在线与智源研究院的合作并不止步于此，双方将持续推动合作成果转化，培育出更多具有竞争力的创业项目。在强强联合之下，它们将会为人工智能行业带来更多的惊喜。

5.2 合成数据：为大模型提供优质数据源

合成数据是一种利用计算机或算法模拟真实数据生成的人造数据。虽然合成数据不包含现实世界中的真实数据，但其在一定程度上可以反映真实数据蕴含的信息，作为真实数据的替代品满足特定场景的需求。

5.2.1 高效、低成本、高质量的数据

大模型的发展离不开优质的数据，想要使大模型变得更加强大，企业就需要收集和处理大量数据。但是大部分企业难以在短时间内获得大量高质量数据，合成数据应运而生。合成数据可以帮助企业获得大量数据，以更高效的方式训练机器学习模型。

合成数据主要具有三大优势，分别是高效、低成本和高质量。

（1）高效。企业可以在短时间内生成大量合成数据，合成数据具有原始数据的统计特征，但与原始数据毫无关联，有利于研究者和开发者分享和使用。例如，极端路况较为少见，企业难以收集到真实数据，但企业在测试自动驾驶汽车时需要使用相关数据。在这种情况下，企业便需要使用合成数据，提高工作效率。

（2）低成本。低成本指的是企业可以花费更少的成本获得优质的服务。例如，人工标注一张图片可能需要 6 美元，但是人工合成一张图片仅需 6 美分，10 倍的价格差使合成数据具有显著的竞争优势。

（3）高质量。合成数据能够对边缘案例进行补充，同时，通过深度学习算法合成一些较为稀有的样本，保障数据的多样性。

在互联网时代，数据的保密性、安全性十分重要，许多企业都十分注重保护用户隐私，而合成数据能够保护用户的隐私。例如，医疗企业能够在保护用户个人隐私的情况下，借助合成数据进行模型训练并完成药物研发工作；金融企业可以利用合成数据训练交易模型或者训练客服机器人，提高用户体验。

近年来，合成数据的使用速度加快、使用规模扩大，为企业节约了许多时间与资金。但是合成数据也存在一些问题，例如，真实数据中往往存在一些异常数

值，但合成数据中不存在异常数值。对于部分模型来说，异常数值能够提升其精准度。同时，合成数据的质量由企业提供的数据决定，因此，企业需要使用高质量数据作为输入数据。企业还需要将合成数据与真实数据进行对比，避免出现数据不一致的问题。

虽然合成数据存在一些问题，但其仍有巨大的使用价值。在高质量真实数据越来越难以获取的当下，合成数据能够帮助更多企业进行模型训练，是一个合适的数据解决方案。

5.2.2 应用场景：自动驾驶＋机器人＋安防

合成数据的应用场景十分丰富，如图 5-1 所示。

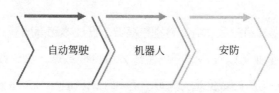

图 5-1 合成数据的应用场景

1. 自动驾驶

为了保证自动驾驶模型算法的准确性，企业需要大量的真实数据用于模型训练。同时，这些数据在使用前需要经过标注、处理，例如，所有图像数据都需要经过标记才能够用于训练。

而合成数据能够解决自动驾驶系统测试在场景和成本方面面临的问题。合成数据能够生成现实世界中难以采集的数据，解决数据缺乏、数据质量低下的问题，帮助企业节约成本。企业将合成数据用于自动驾驶算法训练，能够有效提高算法的准确性与可靠性。

2. 机器人

在机器人辅助手术中，合成数据的作用比真实数据的作用更大。例如，美国一所大学的研究人员研发了一款软件，这款软件可以生成训练算法所需的数据。这些算法在外科手术中起到重要作用，如 X 射线图像分析。

如果研究人员想要研发一款全新的手术机器人，作用是在手术中正确放置机械，那么就需要进行大量的数据训练。在这种情况下，研究人员可以通过模拟机器人在各种手术中的表现生成大量数据，不断提升手术机器人的性能。

基于合成数据训练的算法与基于真实数据训练的算法的效果相当，甚至合成数据更加灵活、高效，成本更低。

3. 安防

合成数据能够用于安防领域，保护用户的个人隐私。合成数据在保护个人隐私方面主要有三个特点。

（1）信息的高度真实性。合成数据可以做到高度匿名化，保护数据隐私，极大地提高数据有效性，使企业得到接近原始数据的应用结果。

（2）不修改数据结构。合成数据并不是凭空产生的，而是对真实数据的模拟。合成数据的优势在于，用户不需要对现有的数据应用系统和工具进行改造，可以在合成数据上使用与原始数据相同的代码与工具。

（3）无法对真实数据进行回溯。合成数据是人工制造的数据，并不存在于真实世界，因此无法根据合成数据回溯到任何真实数据，能够保护用户的隐私。

合成数据解决了数据缺乏的问题，具有诸多优势与巨大的应用潜力，能够为产业发展提供支撑。随着合成数据技术的发展与企业的深度应用，合成数据的质量与可靠性将会进一步提高，在更多领域发挥重要作用。

5.2.3　多家科技巨头布局合成数据业务

合成数据的快速发展给许多企业带来了发展机遇，企业纷纷布局合成数据业务，以抢占市场份额，获得更多收益。例如，英伟达、Meta 等科技巨头纷纷布局合成数据业务。

英伟达是一家致力于研究 AI 的企业，发布了仿真软件 DRIVE Sim，实现高度仿真。自动驾驶汽车仿真领域面临两个重要的问题：一是如何打造细节丰富、十分逼真的仿真世界；二是如何生成规模足够大的仿真世界，能够使 AI 进行充分的模拟与训练。

为了解决这些问题，DRIVE Sim 推出了全新的 AI 工具——NRE（Neural Reconstruction Engine，神经重构引擎），可以基于真实数据进行仿真。NRE

能够使用多个 AI 网络，将传感器采集到的真实场景数据转化为仿真数据。NRE 能够对仿真数据的关键部分进行提取，包括环境、场景等，然后将这些内容重构。

再如，AI.Reverie 是一家人工智能初创企业，主营合成数据业务。Meta 收购了 AI.Reverie，以提升自身合成数据的能力。Meta 将合成数据用于训练算法，从而构建更加真实的元宇宙世界。

国内许多企业也纷纷布局合成数据业务，如表 5-1 所示。

表 5-1 布局合成数据业务的企业

企 业	业 务 布 局
海天瑞声	将会为开展虚拟数字人业务的客户提供训练数据或产品，包括声音、表情、动作、拥有多种性格的语音合成数据集
润和软件	推出了"润和智数"数据合成标注平台。润和智数主要应用于电力、医疗等行业，能够解决数据标注和测试数据生成的问题，能够降低企业的数据收集成本，提高智能化服务的准确性和效率
浩瀚深度	数据合成和内容还原系统是其智能化应用系统的营收支柱
汉仪股份	自主研发了彩色位图字体自动生成技术，支持多线程合成数据，提高数据合成的效率
软通动力	认为合成数据具有发展潜力，计划布局合成数据业务

总之，合成数据作为未来 AI 模型训练的数据基础，获得了许多科技巨头的关注。相信在科技巨头的推动下，合成数据技术会不断升级，更好地推动相关产业发展。

5.3 大模型时代，数据服务市场迎来竞争热潮

大模型的出现使数据服务市场迎来竞争热潮，一些科技企业积极进入数据服务市场。例如，海天瑞声开放数据集并打造标注平台，拓尔思以数据优势探索大模型落地路径，浪潮信息积极推进大模型研发。

5.3.1 海天瑞声：开放数据集 + 打造标注平台

海天瑞声是一家 AI 数据资源供应商，为了能够提供更加优质的服务，获

得进一步发展，其从开放数据集与打造标注平台两个方面入手，实行品牌焕新战略。

海天瑞声的品牌焕新战略体现在外在，例如，打造了全新的品牌 Logo，并将英文名由"Speech Ocean"改为"DataOcean AI"。这意味着海天瑞声将从"Speech"（语音）领域向更加广阔的"Data"（数据）领域拓展，代表着海天瑞声将在数据资源与人工智能方面持续探索。

海天瑞声早期在智能语音数据领域探索，后来逐渐扩大业务范围，深入计算机视觉、自然语言处理等多个领域。随着 AIGC 的火热，海天瑞声大力发展生成式 AI 业务。品牌焕新升级有利于扩大海天瑞声的业务范围，提升其技术实力，更好地满足用户需求。

海天瑞声的战略布局十分清晰。海天瑞声创建于 2005 年，多年来一直深耕于人工智能领域，为许多企业提供 AI 模型训练所需要的数据集。在多年的探索中，海天瑞声积累了许多知名客户，包括阿里巴巴、腾讯等，其数据集在多个大模型的训练中得到应用。

作为数据领域的头部企业，海天瑞声发现数据资源的重要性不断提升。因此，在保证基础数据业务平稳发展的前提下，海天瑞声积极拓展更多业务，包括开放数据集和打造数据标注平台，以增强自身的核心竞争力。

1. 开放数据集，构建 AI 开放生态

开放的生态是 AI 发展的重要驱动力。无论是 AI 算法的优化还是模型的训练，都需要高质量、内容丰富的数据集，基于此，共享数据集的重要性就凸显出来。海天瑞声宣布将开放共享数据集，积极构建 AI 开放生态。

作为数据领域的头部企业，海天瑞声不仅要创造经济效益，还需要担负起社会责任，开放数据集，推进数据资源整合、共享。开放数据集可以为用户提供更多高质量数据样本，推进算法研究与模型训练，催生更加精准、垂直度更高的大模型。

海天瑞声开放的"DOTS-MM-0526"数据集，是一个多模态数据集，包括语音、图像、视频等多个维度的数据。海天瑞声希望通过这一行为与全球的从业者拉近距离，与他们形成合作关系，共同推动行业发展。开放数据集是海天瑞声的一次大胆尝试，展现了其在数据智能化领域的努力。

2. 打造自动驾驶数据标注平台

自动驾驶的实现离不开基于海量数据构建的强大的数据链驱动系统。而该驱动系统的高效运转离不开数据采集、管理、标注等环节的相互配合。

海天瑞声着重布局自动驾驶领域并将该领域作为凸显其技术实力的关键，推出了全栈式数据标注平台——DOTS-AD 自动驾驶数据标注平台。该数据标注平台专门针对自动驾驶场景设计，能够完成多个自动驾驶数据标注任务，有效提高数据标注效率。该数据标注平台容量极大，支持上万人进行操作，提升数据标注的功效。

DOTS-AD 自动驾驶数据标注平台主要有四大功能：一是支持自动驾驶领域 2D、3D、4D 等维度的图像数据标注；二是能够进行辅助标注或自动化标注，涵盖多个场景；三是能够对项目进行柔性管理，支持工具、标签等工作组件进行自定义设置；四是能够对数据进行智能化管理，保障用户的隐私和数据安全。

总之，人工智能的发展为海天瑞声提供了更多机会。海天瑞声将会持续打造技术壁垒，形成竞争优势，以在激烈的市场竞争中占据有利地位。

5.3.2　拓尔思：以数据优势探索大模型落地路径

拓尔思是一家致力于研究人工智能与大数据技术的企业，拥有 20 多年的历史，在中文检索与自然语言处理等方面具有一定的影响力。在大模型方面，拓尔思推出了拓天大模型。

在具体场景中落地时，拓天大模型在质量、可控、时效和成本四个方面面临一些挑战。

在质量方面，由于对外提供服务，拓尔思必须保证拓天大模型的数据可靠，输出的数据准确，保证质量。在可控方面，拓尔思必须保证两个方面的安全：一是保证大模型输出的内容安全；二是保证用户的隐私数据安全。在时效方面，拓尔思需要利用大模型解决大数据训练灾难性遗忘的问题。在成本方面，拓尔思需要控制大模型研发成本与应用成本，让更多企业能够负担得起使用大模型的费用。

拓天大模型是拓尔思多年技术研发的成果，帮助拓尔思积累了高质量的数据和知识资产。拓尔思将大模型技术与知识图谱、自然语言处理等技术相结合，训练出了优质、高效的拓天大模型。拓尔思拥有总量超过 1500 亿条的网络数据，为大模型研发和应用奠定坚实的数据基础。

拓天大模型具有 10 项基础能力、4 个创新点，发展前景广阔。与其他的通用大模型相比，拓天大模型具有显著的优势，例如，在自主可控、中文特性加强、专业知识加强等方面具有优势。拓天大模型能够与业务场景融合，推动生产力变革。

通用大模型落地往往面临一些挑战，无法满足垂直领域的需求。而拓尔思基于庞大的无监督训练数据和微调优化知识数据训练出的拓天大模型，能够满足垂直行业的需求。例如，在媒体行业，拓天大模型提供内容创作、搜索推荐等功能；在金融行业，拓天大模型提供智能风控与投研服务。根据不同行业的特征，拓尔思能够微调拓天大模型，打造垂直领域大模型，满足用户的不同需求。

为了进一步深化大模型研究，拓尔思与多家企业合作。例如，拓尔思与传播大脑科技（浙江）股份有限公司联合发布了"传播大模型"，结合双方的优势进行业务拓展，实现大模型在媒体行业的落地。在 2023 年 6 月召开的"拓天大模型成果发布会"上，拓尔思与不同领域的多家企业进行现场签约，积极推动大模型在知识产权、智能客服等方面的落地应用。

虽然当下各类大模型层出不穷，但是语言大模型仍是大模型的核心，也是多模态大模型的基石。拓尔思将在未来持续迭代拓天大模型，使更多行业享受大模型所带来的商业价值。

5.3.3 浪潮信息：积极推进大模型研发

AI 大模型具有巨大的创造力，有望促使人工智能突破"认知智能"，推动算法基础设施的革新，成为推动数字经济发展的"智能大脑"。浪潮信息抓住 AI 大模型的发展机遇，给浪潮信息客户服务平台接入大模型，打造"智能客服大脑"。这样不仅能够提升浪潮信息的客户服务水平，还有利于探索大模型落地应用的可行性路径，推动大模型实现产业化落地应用。

浪潮信息认为，服务是有效连接用户、使企业在激烈的竞争中脱颖而出的关键环节。浪潮信息能够为用户提供多种类型的服务，包括产品线的远程运维、技术咨询、维修保障等。浪潮信息致力于为用户提供可靠、安全、快速响应、专业的服务，以确保用户可以无忧地使用产品。

浪潮信息具有前瞻性眼光，凭借 JDM（Joint Deign Manufacture，联合设计制造）模式创新和在人工智能领域的布局实现市场占有率飙升。随着浪潮信息的发展，其用户数量与服务咨询数量不断增加。为了满足不同类型的需求，浪潮信息通过数智化手段提高服务能力，实现可持续发展。

浪潮信息率先从细分业务场景入手，分析了推行服务智能化的可行性与收益曲线，最终确定了服务智能化的六个方向，包括智能服务机器人、智能运维、智能调派、智能在线管理、智能现场管理和智能备件供应链。同时，浪潮信息还打造了提供智能化服务的载体——远程智能服务平台 InService。

客服是服务的第一窗口。浪潮信息不仅致力于打造传统意义上的客服，还希望打造"IT 专家"。浪潮信息的客服对外需要处理用户的请求，深入了解用户的问题，判断故障并及时解决问题；对内需要传递用户需求，与工程师协同工作，共同提升用户体验。

为了实现客服与工程师的高效协同，浪潮信息开始研究如何使 AI 具有与工程师相同的专业技能能力和对话沟通水平。在浪潮信息研发智能客服初期，行业内还没有成功的范例。当时的客服机器人只能进行简单的引导、做出固定回答，无法满足更复杂的业务场景需求。浪潮信息面向 B 端市场所提供的服务大多是知识性服务，具有专业程度高、复杂程度高的特点。在日常的咨询服务中，用户需求较为复杂，不仅包括常规问题，还包括产品的使用、参数调整和故障维修等复杂问题。

基于此，浪潮信息必须将智能客服打造成行业专家，使智能客服能够理解用户的问题并做出合适的回答。例如，用户安装系统失败可能有多个原因，智能客服需要与用户进行深入的交流、沟通，找出问题产生的原因并给出解决方案。

打造专业程度高的智能客服并不是一件简单的事情，浪潮信息一直在探索。最开始，浪潮信息使用了较为常见的模型，并与专家共同搭建了内容丰富的问答库，用于训练智能客服。后来，随着智能客服的应用不断深化，智能客服的问题解决率无法显著提升。对此，浪潮信息以大模型"源"开辟了一条智能客服的升级之路。

"源 1.0"是浪潮信息推出的初代大模型，参数高达 2457 亿个，能力十分强大。"源 1.0"大模型具有强大的学习能力，能够作为算法基础设施应用于各个场景，提高工作效率。浪潮信息在打造"源 1.0"大模型时做出了许多努力，不断充实"源 1.0"大模型的数据库，将上万份产品文档、用户手册等用于"源 1.0"大模型训练。在长达数月的训练后，浪潮信息构建了基于"源 1.0"大模型的"智能客服大脑"。

"源 1.0"大模型具有强大的学习能力和很高的智能水平，能够完成许多任务。这种特性使浪潮信息无须耗费大量精力去训练其问题匹配能力，其能够凭借自身强大的语言理解能力进行学习。

例如，关于服务器的内存配置问题，传统的智能客服基于浪潮信息人工客服手动输入对应的回答，形成问答库。当有用户咨询问题时，智能客服将会从问答库中寻找最合适的回答。而"源 1.0"大模型是将产品文档作为学习资料，依靠自身强大的上下文理解能力分析、回复用户的问题。

在"源 1.0"大模型的助力下，浪潮信息智能客服学会了思考问题，交互能力得到了提升，在设备运维、故障诊断、信息管理等方面更具智能性。

如今，数字经济迅速发展，数据中心不断升级。作为数据供应商，浪潮信息不断提高自身的服务能力，以智能客服为核心，重塑用户体验，释放数字经济发展新动能。

大模型+智能搜索：
打造互动溯源搜索方式

第 6 章

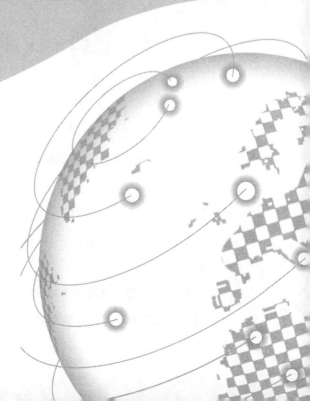

传统搜索方式是基于关键词进行搜索，无法真正了解用户的需求。而智能搜索与大模型相结合，能够打造互动溯源搜索方式，通过上下文理解用户的真正意图，为用户提供更加准确、个性化的搜索结果，实现真正的智能化搜索。

6.1 大模型怎样变革搜索方式

大模型推动搜索方式发生变革，智能互动式搜索将出现。智能互动式搜索以对话的形式了解用户的需求，找到更加符合用户要求、更加精准的答案。

6.1.1 搜索方式变革，智能互动式搜索将出现

随着技术的发展，用户获取知识的途径一再拓宽，从期刊、书籍拓展到互联网。许多知识平台涌现，用户获取知识的载体从电脑转变为手机。移动互联网成为用户获得信息的主要渠道，搜索系统的重要性愈发凸显。AI 技术变革搜索方式，智能互动式搜索将出现。搜索方式的变革主要分为三个阶段，如图 6-1 所示。

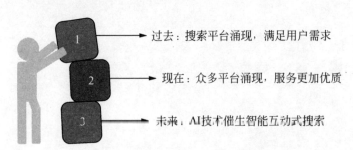

过去：搜索平台涌现，满足用户需求

现在：众多平台涌现，服务更加优质

未来：AI技术催生智能互动式搜索

图 6-1　搜索方式变革经历的阶段

1. 过去：搜索平台涌现，满足用户需求

随着互联网兴起，许多用户喜欢在互联网上搜索内容。用户不仅可以在互联网上搜索电脑软件、学术教程，还可以搜索生活常识，这些都能够通过搜索平台找到答案。越来越多的互联网平台专注于为用户提供搜索服务，其中较为出色的有百度、腾讯等。

互联网就如同一本百科全书，包含多种多样的知识，为用户的生活提供了很大的便利。互联网不仅能给热爱网上冲浪的用户提供优质的体验，还给传统教育

带来变革。

例如，吉林省通榆县有一所师资匮乏的学校，为了能够获得丰富的教学资源，其校长常用百度文库在互联网中搜索教学资料。许多知名学校，甚至北京大学、清华大学的教师都在百度文库中上传教案、课件等学习资料。这些学习资料给教育资源贫瘠的地区的教师和学生提供了帮助。

如今，该校的教师已经实现了电子备课，借助百度文库中的优质学习资料，该学校成为互联网教学先锋。

2. 现在：众多平台涌现，服务更加优质

互联网的高速发展促使用户对搜索结果的要求一再提高，各个搜索平台致力于为用户提供更加专业的搜索服务。

例如，微信搜索将知乎、腾讯视频、京东等产品进行整合，并更名为"搜一搜"，在服务与用户之间搭起了一座桥梁。用户只要在"搜一搜"中输入"时间＋天气"、汽车品牌等，就可以获得相应的服务，实现搜索即服务。

知乎作为一个问答社区，会聚了各个领域的爱好者与专家。用户可以在知乎中搜索问题的答案，甚至可以与专家交流。

百度知道是百度打造的知识问答分享平台，其搜索模式是"用户提出问题—设置奖励机制吸引其他用户回答问题"，达到分享知识的效果。

无论是微信搜一搜、知乎还是百度知道，其目的都是分享知识、解答用户疑问，更好地满足用户的需求。

3. 未来：AI 技术催生智能互动式搜索

用户想要获得知识往往会在搜索平台中搜寻资料，但这种搜索方式较为单一。许多平台开始将搜索功能作为整合资源的方式，借助搜索功能将多方连接起来，实现智能搜索，为用户提供更为全面的服务。

AI 的出现使得语音搜索兴起。许多智能电子产品搭载了 AI 技术，用户可以借助语音实现搜索交互。例如，一家盲人按摩店进行了改造，引入了百度 AI 智能语音系统。对于盲人来说，操作店内的设施十分不方便，其需要花费许多时间才能够记住各个按键的位置。而在搭载百度 AI 智能语音系统后，店主可以通过呼唤 AI 的名字使用多种功能，包括控制灯光、调节空调温度等。

此外，百度还尝试将大模型与传统搜索引擎结合，为用户提供 AI 伙伴、AI BOT 等功能。用户可以在使用百度搜索时与 AI 对话，获得交互体验，用户的表达门槛得以降低。在大模型的助力下，百度搜索将具备自主学习与内容生成能力，利用搜索连接一切，为用户提供更加优质的服务。

在互联网的搜索变革中，大模型加持的 AI 应用将占据重要地位，为用户带来个性化的体验。

6.1.2　生成式搜索，提供丰富内容

生成式 AI 指的是借助机器学习模型对已有数据进行学习，进而创造出全新的内容，包括文本、音频、图像等。而生成式搜索则是生成式 AI 与搜索引擎相结合，为用户生成定制化的内容。

传统搜索引擎不能进行内容创建，而是对其他网站的资料进行整合。当用户查看搜索结果时，会跳转到特定网站。而生成式搜索会对搜索结果进行分析，为用户生成定制化内容。与传统搜索引擎相比，生成式搜索的优势更加明显。

生成式搜索的搜索结果更加直观，并且支持文本、图像、视频等多种结果呈现形式，可以为用户提供更加精确、丰富的搜索结果。在生成式搜索模式下，用户无须浏览多个网页，浏览量减少，效率提高。生成式搜索会使用户对传统搜索引擎的关注度下降，传统搜索引擎的广告收入将会受到影响。

例如，"You" 是一个搭载 AI 技术的搜索引擎，能够进行生成式搜索。You 的推出使网络搜索的发展向前迈了一步，用户可以获得更加智能化的搜索服务。

You 可以为用户提供文本、图像、表格等多种形式的搜索结果。用户能够在减少打开网页次数的情况下，获得更为精准、丰富的内容；You 在搜索页面搭载了上百个应用程序，以实现 "为用户提供合适的答案" 的目标。

此外，You 能够保护用户的隐私。You 以用户的利益为重，在隐身模式下，用户的 IP 会隐藏，用户可以放心地使用该应用。

总之，生成式搜索的出现可以为用户提供丰富的内容，呈现更好的搜索结

果。随着大模型不断发展，生成式搜索将会越来越智能。

6.1.3　知乎发布大模型，探索智能搜索

在大语言模型方面，知乎持续进行探索。继 2023 年 4 月发布具有"热榜摘要"功能的"知海图 AI"大语言模型之后，知乎又与面壁智能展开合作，发布了大语言模型"搜索聚合"、中文基座大模型 CPM-Bee10b、对话类大模型"面壁露卡"，持续在大模型领域探索。

AI 是人类脑力的延伸，因此发展 AI 需要以人为本。知乎基于用户的需求，从用户的角度出发帮助用户解决问题。

"搜索聚合"将大模型的能力应用在知乎搜索上。当用户进行搜索时，系统就开始工作，根据大量提问与回答进行观点聚合，有效提高用户获得信息、做出决策的效率。知乎还计划将大语言模型应用于创作者身上，使得大语言模型成为创作者的助手，为其提供帮助。

CPM-Bee 10b 大模型是面壁智能的研究成果，具有强大的能力。CPM-Bee 10b 大模型以 Transformer 架构为基础进行自主训练，参数高达百亿个。面壁智能还推出了智能对话类大模型"面壁露卡"。面壁露卡功能丰富，能够实现内容自动生成、语音理解、数据处理等。

未来，知乎将努力提高大语言模型的基础能力，开发出更多实用的产品，为用户提供更多优质的大模型服务。

6.2　搜索引擎融合大模型成为企业切入点

互联网蓬勃发展，用户的日常生活与工作已离不开网络。用户想要在海量信息中找到自己需要的信息，就需要搜索引擎的帮助。因此，搜索引擎的用户规模不断扩大，使用率不断提升。搜索引擎发展空间广阔，许多企业将搜索引擎与大模型融合，升级搜索系统，吸引更多用户。例如，微软、谷歌和百度等科技巨头将搜索引擎与大模型的融合作为切入点，以抢占更多市场份额。

6.2.1　微软：New Bing 布局

ChatGPT 的发布使得用户对大模型的兴趣进一步提高，为了探索大模型的更多可能性，使应用变得更智能，微软将传统搜索引擎 Bing（必应）与 OpenAI 推出的 GPT-4 大模型相结合，打造了 New Bing。

GPT-4 是 OpenAI 于 2023 年 3 月 14 日推出的多模态大模型，支持以文本和图像的形式输入内容，并输出内容。GPT-4 具有 1.8 万亿个参数，能够访问更大的数据集。同时，GPT-4 可以完成多种自然语言处理任务，如文本摘要、问答、文本生成等。

在图像处理方面，GPT-4 支持仅输入文本或图像，或者两者混合输入，并以文本的形式输出回答。例如，用户给出一张塔的照片并询问该塔的高度，GPT-4 能够生成准确的回答。

在学术方面，GPT-4 能够与人类一较高下。例如，GPT-4 参加了模拟律师考试，成绩十分优异，排在前 10%。OpenAI 花费了 6 个月的时间对 GPT-4 进行调试，提高了它的真实性、可引导性。

在内容输出方面，GPT-4 拥有更强的逻辑推理能力和处理长篇文章的能力，能够更好地理解复杂问题，为用户提供更加优质的回答。GPT-4 用途广泛，应用案例丰富。在 GPT-4 的帮助下，New Bing 实现智能升级，为用户提供更加优质的服务。

New Bing 的优势主要体现在以下几个方面。

（1）New Bing 具有一些特殊的搜索功能，包括语音搜索、实时搜索等，用户可以使用多种方法进行搜索。

（2）与传统搜索引擎相比，New Bing 搜索结果的准确性和全面性有所提高。用户可以使用多种方法对搜索结果进行过滤和排序。

（3）New Bing 使用了多种技术，包括自然语言处理技术、机器学习技术、数据挖掘技术等，能够有效提高搜索效果。

（4）New Bing 具有更多实用的功能，包括语言翻译、计算器等，用户可以在搜索界面上直接进行相关操作。

此外，New Bing 能够保存用户的聊天记录，用户能够随时继续之前的对话。New Bing 的聊天界面面向第三方插件开放，这有利于 New Bing 更快地完成用户的任务。例如，用户在与 New Bing 的交谈中提到晚餐，New Bing 可以帮助用户查找和预订餐厅。

从用户的视角出发，一方面，New Bing 将搜索方式由关键词转变为对话式；另一方面，将搜索结果从摘要排列式转变为篇章阅读式。尽管 New Bing 在准确性、排版等方面存在一些问题，但是其凭借个性化交互、内容生成等方面的优势吸引了大量用户。经过多年的努力，微软以 New Bing 布局，在 AI 领域探索出了属于自己的道路。

6.2.2 谷歌：搜索引擎升级与大模型研发

搜索引擎作为流量入口，获得了许多企业的关注。而作为科技巨头的谷歌，试图以"人工智能 ＋ 搜索引擎"的方式，在竞争日益激烈的搜索市场中抢占更多市场份额。

2023 年 5 月，谷歌召开了"I/O 开发者大会"。在此次大会上，谷歌表明其试图将生成式 AI 与各类产品相结合，以实现产品升级、用户体验优化。此外，在此次大会上，谷歌推出了全新版本的谷歌搜索与大模型。

1. 生成式谷歌搜索

谷歌在"I/O 开发者大会"上发布了生成式搜索产品，并进行了现场演示。谷歌搜索的副总监在搜索框中输入"为什么某样食物会受到用户的欢迎"，传统搜索引擎会给出网页搜索结果，而生成式搜索则生成了几段摘要，包括该食物的味道、优点等，并附有网站链接，网站中的内容印证了摘要。谷歌将这种结果呈现形式称为"AI 快照"。

同时，生成式谷歌搜索还能够帮助用户挑选产品。例如，用户想要搜寻好用的蓝牙音箱，生成式谷歌搜索将会生成购买蓝牙音箱的建议，并附上常见的问题，包括电池、防水效果、音质等。生成式谷歌搜索还会附上购买链接，为用户提供多种选择。

2. 大语言模型 PaLM 2

谷歌在"I/O 开发者大会"上发布了其最新的模型——PaLM 2。PaLM 2 在翻译、推理和编码等方面具有强大的能力。PaLM 2 利用多语言文本进行训练，具有强大的语言能力。例如，PaLM 2 能够理解多个国家的语言，甚至能理解一些俚语。

PaLM 2 已经被谷歌应用于多种产品中，包括谷歌的办公"全家桶"、聊天机器人、生成式搜索等产品，为谷歌的应用智能化做出了较大的贡献。

总之，谷歌以大语言模型与生成式谷歌搜索布局搜索领域，从根本上颠覆了用户的搜索方式，给用户的生活带来巨大改变。

6.2.3 百度：扛起生成式搜索的"大旗"

2000 年，百度推出了独立搜索门户 baidu.com，并于第二年推出了独立搜索引擎，为其在互联网领域的深入发展打下了坚实的基础。从 2000 到 2023 年，百度在搜索领域持续布局，不断扩大自己的业务范围，从索引信息到用户之间的社交再到 AI，百度搜索的内容不断丰富。在这 23 年间，百度实现了从搜索到智能搜索的转变，扛起了生成式搜索的"大旗"。

互联网出现以后，用户获取信息十分便捷，除了主动搜索信息外，用户还会获得互联网平台推送的信息。用户获得信息的途径不断增多，能够接触到海量信息，但是也会获得许多无效信息。用户希望搜索引擎能够更了解自身喜好，实现精准推送信息，帮助自己节约搜索时间，更高效地解决问题。

为了更快获得精准、个性化的搜索结果，许多企业尝试将机器学习引入搜索引擎中，百度便是其中的佼佼者。百度以搜索引擎为核心，在语音、图像、自然语言处理等方面深耕。

自成立以来，百度在人工智能领域持续探索，主要研发方向为人工智能芯片、深度学习平台和预训练大模型等。在智能搜索方面，百度率先提出了"多模搜索"的概念，搜索模态从单模态的文本逐渐拓展到多模态的语音、视频等。

智能搜索为用户带来了独特的体验，用户可以在百度 App、网页中采取多种方式进行搜索，包括语音搜索、图片搜索、视频搜索等，搜索结果更加丰富多样。

在语音搜索方面，百度使用了多种与语音有关的 AI 技术，使得搜索引擎能"听"会"说"。智能搜索引擎不仅能够"听"懂用户的语言，还能够深入理解语言的含义，给出最佳搜索结果，与用户之间的交互更加顺畅。

在视觉搜索方面，百度智能搜索运用了多种视觉技术，能够依托于搜索系统，并结合网络图像、用户行为等方面，识别用户需求，为用户提供相关服务。例如，拍照搜题、商品搜索、实时翻译等，都是百度智能搜索具有的功能。

在视频搜索方面，用户可以直接上传视频进行搜索。百度智能搜索使用了大规模的知识图谱，可以实现精准的搜索、定位。百度的视频理解、检索等技术不断升级，为用户提供了丰富的搜索体验，拉动了视频消费需求。

百度智能搜索不仅可以实现视频搜索，还可以生成视频。AI 可以将百家号中的图文内容转化为视频，这是百度智能搜索最为重要的技术之一。这种技术即生成式搜索，能够借助百度研发的生成式模型的能力，为用户的个性化提问"创作答案"。

对于用户无法直接获取的知识需求，百度智能搜索可以借助 AI 技术对已有的数据进行梳理、推理、加工与生产，实现知识生成。例如，当用户搜索"A 地与 B 地的 GDP 哪个更高"时，百度智能搜索可以依据专业数据库中的数据生成标准化的答案，这便是生成式的搜索结果。

百度在智能搜索、生成式搜索方面的突破离不开跨模态大模型"知一"与新一代索引"千流"的助力。"知一"基于全网的资料进行持续学习，包括文本、图片和视频等，并将这些资源融合，更能理解用户的搜索需求。"千流"可以将不同维度的信息整合起来，推动传统索引升级为覆盖多领域、多维度的立体栅格化索引。这两项技术突破使百度搜索变得更加智能、更了解用户的需求，从而在专业领域持续领跑。

2022 年末，ChatGPT 横空出世，受到了许多用户的欢迎。如果其背后的 AIGC 技术能与搜索引擎融合，那么将引发一场全新的技术革命。而百度早已在搜索领域布局，将 AIGC 与搜索相结合，实现了搜索引擎从单纯检索到"检索 + 生成"的变革。

百度推动生成式搜索在更多领域实现深度应用，进一步巩固百度智能搜索的差异化优势，满足用户获得个性化信息的需求。百度智能搜索将在 AI 技术的支持下进行全面升级，智能化程度会更高，更加了解用户。

6.3 搜索引擎变革下的广告和电商

传统搜索引擎转变为智能搜索引擎的变革，对广告行业和电商行业造成了巨大影响。搜索广告变得更加个性化，电商跨模态搜索成为现实。

6.3.1 搜索广告更加个性化

在电商营销中，搜索广告是一种非常重要的营销方式，具有高效益、高效率、高精准度等特点。随着智能搜索引擎取代传统搜索引擎，在大模型的加持下，搜索广告将变得更加智能化、个性化。

搜索广告作为互联网广告的一种，能够帮助企业将广告展示在用户的搜索界面上，从而实现引流的目的。搜索广告具有以下五个优势。

（1）搜索广告的针对性强，能够实现精准的广告投放。例如，某个用户搜索某个产品或服务，搜索引擎可以根据用户搜索的内容为其推荐相关产品或服务，达到精准推广的效果。

（2）广告成本较低。与传统广告相比，搜索广告的成本相对较低。传统广告的投放渠道很多，包括广播、电视等，而搜索广告的投放渠道相对较少、覆盖面相对狭窄，因此，投放成本较低。

（3）投放效果较为直观。广告主可以通过广告投放平台了解广告投放效果，并根据效果改进广告投放计划。

（4）搜索广告具有实时性。搜索引擎能够根据当下的热点新闻、搜索热词等了解用户的需求，为用户推送关联度高、实时性强的广告。

（5）搜索广告具有灵活性。根据广告主营销方向的变化，搜索广告的内容以及投向策略也可以灵活变化。此外，搜索广告的形式多样，有图片、视频等形式。

与大模型相结合后，搜索广告将会发生以下变化。

（1）更加个性化。传统的搜索广告主要依赖用户输入的关键词，呈现的搜索结果不够全面，无法满足用户在不同场景下的不同需求。而大模型可以基于文本、图像等多种类型的数据进行深度学习，绘制更加精准、完善的用户画像，提高搜索广告的准确性。大模型还可以根据用户的兴趣、偏好等数据，在不同的场景为用户推送不同的搜索广告，为用户带来优质、个性化的推荐体验。

（2）丰富广告形式，提升广告效果。传统广告投放的内容往往是广告主提供的单一素材，无法满足用户多样化的需求，无法引起用户的兴趣，推广效果不佳。而大模型能够生成多种广告，如文本广告、图片广告、视频广告等，广告形式多样化，广告更具趣味性。大模型还能够分析用户的各类信息，生成更能引起用户兴趣的内容，提高搜索广告的投放效果。

（3）提升搜索结果准确度。传统的搜索引擎主要利用关键词进行结果匹配，但这种方法存在搜索引擎无法准确获知用户的搜索意图、无法识别复杂语言等缺点。而大模型能够根据上下文了解用户意图，全面理解用户的问题，提供更加精准的搜索结果。

（4）增强用户的体验感，提高用户的满意度。大模型可以在理解用户意图的基础上为用户提供个性化的内容，增强用户的体验感，提高用户的满意度。

总之，大模型的应用能够为搜索广告行业带来巨大变革。大模型与搜索广告结合，可以实现个性化推荐，从而提高搜索广告的转化率。

6.3.2　电商跨模态搜索成为现实

在传统电商平台上，用户只能以文字的形式搜索产品。随着图像、视频等领域的技术不断发展，多模态模型数量不断增加，电商跨模态搜索成为现实。

CLIP 是 OpenAI 推出的文图跨模态检索模型，能够基于大规模图文数据集进行对比学习预训练，具有文图跨模态表征学习能力。Easy NLP 是 PAI 算法团队开发的中文 NLP 算法框架，能够提高预训练模型对小样本场景的适应能力，助力大模型落地。

Easy NLP 可以对 CLIP 模型进行优化，使其能够适应电商场景，实现跨模态搜索。Easy NLP 以 CLIP 的预训练架构为基础，打造双流模型，包含图像和文本 Encoder（编码器），并依照商品数据实现电商场景下文图搜索优化。为了训练 CLIP 模型，开发人员收集了大量商品图文数据，使得 CLIP 模型在电商领域具有感知能力。

在电商场景中，产品图占比较大，文本概念相对较少、分布不均，因此，场景不够丰富。开发人员在进行模型训练时，更加关注电商的相关知识，并引入图文知识的细粒度交互，使得模型能够识别电商相关知识。

未来，更多跨模态模型将会涌现，助力电商行业实现跨模态搜索，引发新一轮技术变革。

6.3.3 亚马逊：以大模型赋能电商搜索

亚马逊是一家知名的跨境电商企业，为了提高用户的使用体验，其团队致力于构建大模型，以赋能电商搜索。

亚马逊内部有一个名为"M5"的搜索团队，主要负责构建大模型，并利用大模型支持亚马逊的机器学习应用程序。M5 搜索团队借助亚马逊云科技的服务，运行数百亿个参数的模型进行深度学习实验。

作为一家大型跨国企业，亚马逊十分注重用户体验，为此不断开发产品与升级服务。亚马逊曾表示，亚马逊搜索能够连接不同的产品，并建立产品之间的协同关系，助力业务的发展。为了进 步优化搜索功能，亚马逊构建了预训练模型，以提升搜索功能的深度学习能力。

M5 搜索团队专注于优化亚马逊的发现式学习策略，并致力于构建多模态大模型，以支持多语言、多实体和多任务。

M5 搜索团队的许多工作都是实验性的。为了能够快速开展实验并进入生产阶段，该团队需要同时训练上千个参数超过 2 亿个的模型，并在亚马逊云科技上实现基础设施的扩展。要想实现这些并不容易，M5 搜索团队使用 Amazon EC2 服务，以解决基础设施扩展的问题。

随着不断的探索，亚马逊搜索具备构建大规模机器学习模型的能力。M5 搜索团队将与亚马逊云科技展开长久合作，不断优化亚马逊云科技的基础设施，提升生产力，以大模型赋能用户搜索。

此外，亚马逊云科技还利用大模型为用户提供基于搜索的精准问答。为了使用户搜索时的表述更加精准，进一步提高搜索结果的准确度，亚马逊云科技推出了基于智能搜索的大语言模型增强方案，该方案主要有五项核心内容，如图 6-2 所示。

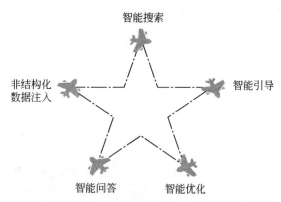

图 6-2 大语言模型增强方案的五项核心内容

（1）智能搜索。传统搜索依靠关键词进行问答匹配，虽然这种方法能够有效查找答案，但有一定的局限性，如无法识别同义词、不具备抽象能力、容易将一些无关词汇匹配起来等。为了解决这些问题，亚马逊云科技引入了意图识别模型，能够提取关键词，避免一些无关词汇影响搜索结果的准确性。

（2）智能引导。搜索结果不准确可能出于两个原因：一是搜索引擎的能力不足；二是搜索的问题不够准确与具体。亚马逊云科技提出了一种引导式搜索机制，能够丰富搜索表述，提升搜索结果的准确性。

（3）智能优化。随着知识库的不断更新，搜索准确度可能会下降。一方面，数据库和搜索引擎还没有完全磨合；另一方面，一些过时的信息没有被及时处理。针对这些问题，亚马逊云科技基于用户行为对搜索引擎进行升级。

这主要有两个步骤：第一步是收集用户历史行为数据；第二步是利用数据对模型进行训练和部署。通过分析用户历史行为，亚马逊云科技可以了解搜索词条与知识库内容的关联程度。亚马逊云科技部署了一个重排模型，该模型能够根据用户的历史行为将用户喜欢的内容排在前面，实现"千人千面"、个性化的搜索。

（4）智能问答。亚马逊云科技将知识库与大语言模型相结合。当用户输入问题时，搜索引擎会从知识库中提取相关内容，借助大语言模型对内容进行总结，最后给出答案。

（5）非结构化数据注入。搜索引擎的知识库往往是一种结构化的数据库。亚马逊云科技可以使用非结构化数据注入功能，对企业的知识库进行优化，帮助企业构建非结构化知识库，提高搜索效率。

大语言模型主要有三个技术细节，如图 6-3 所示。

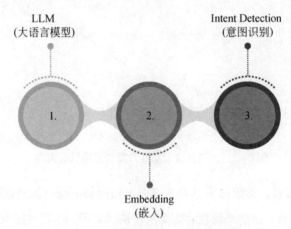

图 6-3　大语言模型的三个技术细节

（1）LLM（Large Language Model，大语言模型）。大语言模型往往采用 Transformer 架构，能够利用文本数据进行训练，根据上文预测下文。亚马逊云科技已经推出许多大语言模型，如 Amazon Titan、Amazon Bedrock 等。这些大语言模型具有强大的文本处理能力，能够应用于智能搜索、内容生成等方面。

（2）Embedding（嵌入）。非结构化数据的应用十分广泛，包括文本、图像等。企业往往会使用 Embedding 模型对这些非结构化数据进行处理，处理步骤为：首先，提取数据特征；其次，将数据特征转化为向量；最后，利用特征向量对非结构化数据进行分析与检索。

（3）Intent Detection（意图识别）。Intent Detection 主要应用于了解用户的搜索需求。例如，在电商场景中，用户搜索电子产品，搜索引擎需要分析其意图，例如，用户想要的电子产品是用于家庭场景还是户外场景，是电脑还是手机等。如果搜索引擎无法准确地识别用户的意图，那么可能会造成推荐结果不准确的问题，给用户带来较差的体验。

意图识别模型主要有两类，分别是类目预测模型和实体识别模型。类目预测模型通过分析用户的行为、数据，能够对用户输入文本所属的类目进行分析，得出该文本属于各个类目的概率。实体识别模型能够对用户输入的文本中的实体词进行识别。实体词指的是描述产品品牌、颜色等信息的词汇。在识别实体词后，用户可以在搜索引擎中进行精准的查询。

总之，亚马逊云科技从多个角度对大模型进行研究，并利用大模型赋能电商搜索，不断优化用户的电商购物体验。

大模型+办公工具：

解放办公劳动力

第 7 章

办公是大模型浪潮中的核心受益领域。大模型与办公工具的结合，给办公模式带来颠覆性变革，优化用户的办公体验，解放劳动力，提高办公效率。当前，微软已经在办公工具接入大模型方面进行了探索，同时，一些国内厂商也奋起直追，发布了大模型与办公工具结合的成果。未来，办公工具接入大模型将成为趋势，推动办公软件的智能化变革。

7.1 大模型优化多场景办公体验

大模型能够优化多个场景的办公体验，实现办公场景变革，如邮箱场景变革。大模型还能赋能文档内容创作、PPT 创作和代码生成，降低内容创作门槛。大模型融入管理系统，可以有效提高企业管理效率。

7.1.1 邮箱场景变革：邮件智能分类、撰写、回复

大模型与邮箱相结合，能够实现邮箱场景变革。邮箱是办公场景中使用频率较高的办公软件，邮箱与大模型相结合，能够在以下几个方面提升用户的办公体验。

（1）实现邮件的智能分类。搭载大模型的 AI 可以对邮件内容进行分析，并按照内容相关程度对邮件进行智能分类。人工进行分类需要耗费许多时间与精力，但是在 AI 的帮助下，邮件的分类变得便捷、智能化。

（2）实现邮件的智能撰写。搭载大模型的 AI 能够分析邮件内容和用户回复的历史邮件，根据用户的语言风格智能撰写邮件。

（3）实现邮件的智能回复。随着大模型的能力不断提升，邮箱可能会成为用户的个人助手，帮助用户及时回复邮件，提醒用户重要事件，提高用户的工作效率。

例如，谷歌积极探索邮箱场景，利用搭载大模型的 AI 进行邮件管理，如图 7-1 所示。

图 7-1　谷歌邮箱 Gmail 的六种功能

（1）"帮我写"实现邮件生成。Gmail 利用生成式 AI 大模型可以进行邮件生成，根据简单的语句创建邮件草稿。用户只需在输入框输入一句提示语，"帮我写"工具便可在短时间内输出一封电子邮件，甚至可以选择不同的写作风格，如专业、商务、时尚等。Gmail 还能够对用户的历史回复进行分析，提取细节，填补邮件上下文的空白。

（2）智能撰写为用户提供措辞建议。Gmail 具有智能撰写功能，能够在用户书写邮件时为其提供措辞建议。智能撰写功能使用了混合语言生成模型，用户只需要点击 Tab 按键便可以接受 Gmail 的建议，并将这些建议整合到邮件中。同时，智能撰写功能支持多种语言，包括英语、西班牙语等，许多用户利用该功能学习外语。

（3）学习用户口吻进行快速回复。智能回复功能能够生成回复邮件，回复邮件的模板有三种，用户可以自行选择。Gmail 搭载了深度神经网络等先进的机器学习技术，能够对用户之前的回复邮件进行学习，以生成个性化的回复。例如，用户收到朋友生日宴会的邀请，Gmail 不会回复"是"或"不是"这种简单的词语，而是回复"祝你生日快乐，我会参加"或者"太棒了，我一定参加"等拟人化的表述。

（4）收件箱对邮件进行智能分类。Gmail 具有标签式收件箱的功能，能够整理邮件并将其分类，方便用户浏览。Gmail 能够按照一定的标准对邮件进行分类，用户也可以根据自身需要对邮件分类进行调整。大模型将会根据用户对邮件分类的调整了解用户的偏好，不断训练，最后能够精准地进行邮件分类。

（5）从邮箱中提取重点。Gmail 具有摘要卡功能，用户可以从繁杂的邮件信息中提取重要内容。例如，用户预订酒店之后，需要根据邮件再次确认预订的酒店名称、日期等信息。

摘要卡功能使用了启发式与机器学习算法，能够在邮件中寻找信息，为用户总结重点信息。在寻找到重点信息后，邮件最上端会出现一张信息卡，上面标记了邮件的重点内容，用户无须浏览所有信息。

（6）设置信息提醒，避免遗漏信息。Gmail 具有一项名为 Nudging（智能高亮提醒）的功能，能够提醒用户回复重要邮件，避免用户遗漏邮件。例如，会在某封没有回复的邮件旁显示"2 天前收到的邮件，需要回复吗"的提示信息。

Nudging 搭载了机器学习模型，用来检测还没有回复的邮件，并预测用户会回复哪些邮件。Nudging 会将用户没有回复的邮件置顶，并注明收到邮件的时间，询问用户是否要回复，提高了用户的工作效率。

总之，大模型对邮箱场景的变革，能够为用户提供更多便利，提高用户的工作效率。

7.1.2 大模型赋能文档内容创作与 PPT 创作

大模型与 Word、PPT 等办公应用相结合，有利于强化其功能。Word、PPT 和 Excel 等办公应用有许多深度功能，但是用户在日常工作中很少有机会使用或者根本不会使用这些深度功能。接入大模型后，用户可以更加便捷地使用这些办公应用，提升工作效率。大模型可能会给 Word、Excel 和 PPT 三种办公应用带来一些改变。

（1）Word。Word 是一款文字内容生产工具。为了提升 Word 的智能性，微软搭载了 ChatGPT 大模型，推出了内容创作优化功能。用户输入内容时，AI 能够对下文进行预测。未来，搭载了大模型的升级版 Word 可能会具有自动生成摘要、优化语法等辅助创作功能。

（2）Excel。Excel 是用户办公时常用的数据分析应用，操作模式为点击式。而大模型与 Excel 融合，有望使操作模式变为命令式。命令式操作模式可以使用户在不了解 Excel 函数的情况下实现数据处理，提升工作效率。例如，北京大学深圳研究生院信息工程学院助理教授袁粒及三名硕博生组成的团队开发了一个名为 ChatExcel 的应用，用户可以以聊天的方式进行数据处理。

（3）PPT。PPT 涉及文字、图片、音频等模态，是跨模态大模型落地的绝佳场景。例如，一位国外开发者开发了一个名为 ChatBA 的应用，该应用能够根据主题生成简单的 PPT，有多种布局可供用户选择。

总之，大模型与办公应用相结合能够有效提高企业员工的工作效率，助力企业效益提升。

7.1.3 大模型融入管理系统，提升管理效率

大模型与管理系统相结合，能够优化企业的业务流程，提升管理效率，推动企业实现可持续发展。例如，OA（Office Automation，办公自动化）是一种将办公与计算机技术相结合的新型办公方式。大模型与 OA 相结合能够有效提升企业管理效率。

随着信息化、数字化进程不断推进，许多企业都引入业务系统和管理系统。但是这些系统存在数据孤岛与流程割裂的问题，许多环节都需要员工进行手动操作。而随着大模型的融入，员工与系统之间能够进行深入交互，系统可以自动完成一些操作。员工可以向 AI 提出自身的需求，AI 在理解员工的需求后，按照流程办理业务，能够有效提高系统的运行效率与员工的使用体验。

此外，ERP 系统与大模型相结合，能够优化企业经营战略。ERP 系统能够使企业的办公流程自动化，并为企业管理者提供实时运营数据，方便企业管理者做出决策。大模型的融入能够有效改变企业与 ERP 系统的交互方式，使人机交互更加便捷。

ERP 系统包含的信息十分丰富，如财务数据、销售数据、库存数据和生产数据等。大模型可以对这些数据进行分析，提供销量预测、库存优化等功能。员工可以通过口令使用这些功能，助力企业实现经济效益最大化。例如，微软推出了搭载大模型的 AI 软件 Dynamics 365 Copilot，能够在产品销售、用户服务等方面为企业提供帮助。

7.1.4 大模型赋能代码生成，降低开发门槛

大模型能够赋能代码生成，降低开发门槛，助力程序开发效率提升。例如，2022 年，微软、OpenAI 与 GitHub 共同推出了 AI 辅助编程工具 GitHub Copilot。GitHub Copilot 搭载了 GPT-3 大模型，使用了海量的代码数据进行训练，主要功能如图 7-2 所示。

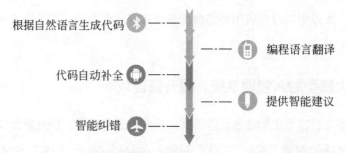

图 7-2　AI 辅助编程工具 GitHub Copilot 的五个功能

（1）根据自然语言生成代码。开发人员在 GitHub Copilot 的编辑器中输入描述，编程工具会根据描述生成相应的代码。GitHub Copilot 能够节约开发人员编写代码的时间，代码编写变得更加简单、效率更高。

（2）编程语言翻译。GitHub Copilot 能够将开发人员提供的代码翻译成其他编程语言。基于此，开发人员可以使用自己擅长的编程语言进行问题描述，而无须掌握多种编程语言。

（3）代码自动补全。GitHub Copilot 能够依据已有的代码和上下文，自动补全下一段代码，有利于开发人员快速生成代码。

（4）提供智能建议。GitHub Copilot 能够依据常见的编程方式为开发人员提供建议，有利于开发人员更好地编写代码，提高代码质量。

（5）智能纠错。GitHub Copilot 能够对代码进行自动检测，并纠正错误代码，提高代码的质量和开发人员编写代码的能力。

虽然 GitHub Copilot 并不能完全代替开发人员，但其作为辅助工具，能够完成许多重复性、琐碎的工作，有效地解放了开发人员的双手，使开发人员能够更加高效地编写代码，提升代码质量。

随着大模型的不断发展，AI 将会代替大部分的编程工作，帮助开发人员解决许多问题，降低编写代码的门槛。

7.2　OA 成为大模型应用切入点

OA 是一款协同办公软件，是连接员工与中台、后台的纽带，将成为大模型应用的切入点，使大模型释放更大的商业价值。OA 具有五大功能引擎，是企业信息化的核心系统之一，与大模型融合已经成为趋势。

7.2.1　OA 是企业信息化核心系统

OA 是企业信息化的核心系统之一，具有巨大的发展潜力。OA 能够利用多种先进的科学技术提高办公效率，实现自动化办公。OA 系统功能众多，能够满足企业数字化发展要求，在企业数字化建设过程中具有重要作用。

OA 系统主要有两个特点，分别是自动化和内外协同。自动化体现在业务自动化、管理自动化和决策自动化三个方面；内外协同指的是企业内部与外部客户、经销商和供应商协同办公。

OA 系统主要有以下五个作用。

（1）能够简化文件传阅审批流程，实现高效、规范化的文件管理。

（2）便于员工检索查阅信息，能够实现信息共享。

（3）提升企业内部的监控能力，有效提高企业的行政管理水平。

（4）提高员工的工作效率，优化团队协作模式。

（5）推动办公自动化，打造科学的管理模式。

OA 的发展经历了四个阶段，分别是点、线、面和体。

（1）第一阶段："点"——单一个体。OA 兴起于 20 世纪 50 年代的美国，于 1985 年在国内的办公自动化规划讨论会上被提出。当时计算机正处于起步阶段，国内开始推行无纸化办公，主要的表现是单机版的应用软件盛行，如 WPS、Office 等。第一阶段的 OA 主要关注单一个体，机器逐渐代替一些手工工作。在这一阶段，OA 强化人与人之间的连接的作用还未体现。

（2）第二阶段："线"——审批流程。随着计算机技术不断发展，办公自动化覆盖范围扩大，实现了公文审批自动化。在第二阶段，组织结构以直线职能型为主，管理的主要内容是审批文件。在这一阶段，纸质审批流程迁移到计算机上，实现审批数字化，能够节约时间成本，有效提高了工作效率。

（3）第三阶段："面"——纵向工作流打通。在这一阶段，OA 进入企业，OA 市场火热。许多 OA 厂商出现，商业模式以私有化部署为主。在这一阶段，OA 秉承着"内部工作协同"的原则，实现了企业内部信息与资源的协同，在纵向上打通了工作流。

（4）第四阶段："体"——多方协同。伴随着互联网的发展与移动互联网的兴起，OA 应用逐渐深入，人、事、物实现协同。OA 应用可以实现企业业务、企业财务、企业管理的一体化，满足企业的多样化办公需求。

OA 的应用场景主要有三个，分别是办公、管理和业务发展。在办公方面，OA 通过集成会议系统、移动通信软件以及第三方办公软件，实现信息共享、跨平台协作，有效提高办公效率；在管理方面，OA 可以通过集成客服管理系统、考勤系统和资产管理系统等对企业进行多方面的管理，使企业内部管理变得更加智能；在业务发展方面，OA 可以简化财务审批、业务办理等流程，满足不同的业务发展需要。

由于外部因素的影响，协同办公市场的规模快速扩大，视频会议、综合办公平台等产品的市场渗透率不断提高。同时，协同办公产品逐步云化，规模不断扩大。目前，协同办公赛道火热，协同办公市场进入成熟期，许多专注于推出协同办公产品的企业将工作重点放在提升产品质量上。

7.2.2　OA 系统的五大功能引擎

OA 系统能够集成多个功能引擎，实现高效协同办公。企业对协同办公产品的要求越来越高，为了满足企业的需求，OA 系统朝着功能引擎组件化的方向发展，集成了多个功能引擎。

OA 系统主要有五大功能引擎，如图 7-3 所示。

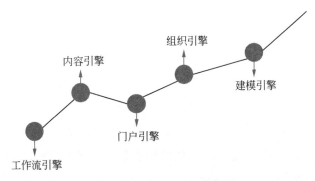

图 7-3　OA 系统的五大功能引擎

（1）工作流引擎。在 OA 系统中，工作流引擎一般用于自动化管理企业内部业务流程，因此也被称作流程引擎。工作流引擎能够传递、处理企业内部的任务、信息和文档，有助于提高企业的运转效率和生产力。在工作流引擎的助力下，企业能够实现有效管理，管理者可以随时监控、关注业务流程，并对结果进行统计、分析和查询。

（2）内容引擎。内容引擎可以用于对企业的信息与文档进行管理，具有企业文档管理、文件协作共享等功能。内容引擎能够对企业的数据进行处理，包括结构化数据与非结构化数据，形成企业的专属知识库，方便员工查阅。

内容引擎能够实现数据的集成与互通。优质的内容引擎可以从第三方系统中获得数据，并将得到的数据应用于 OA 流程汇总，有利于打破企业内部系统的数据孤岛。

（3）门户引擎。构建企业门户网站的引擎被称为门户引擎。门户引擎为企业提供了一个统一的门户界面以及许多应用与服务。用户可以在同一个入口访问、管理不同的业务与信息资源。优质的门户引擎具有统一入口、个性化门户、跨设备、跨平台等特点，能够简化服务流程，有效提高员工的工作效率与用户体验。

（4）组织引擎。组织引擎是一种用于管理组织架构和人员信息的引擎，能够为企业的经营提供数据支持。

（5）建模引擎。建模引擎可以用于可视化建模和打造自定义应用。用户可以在不编写代码的情况下通过图形化的界面设计业务流程，包括审批、报销和采购等流程。建模引擎与工作流引擎之间可以相互协作，建模引擎能够设计、定义业务流程，工作流引擎可以执行业务流程。这两个引擎的组合推动 OA 系统朝着自动化、高效化的方向前进。

OA 系统的五大功能引擎能够为企业管理提供动力，与大模型结合后，对企业的赋能作用更加明显。为了保护自身隐私，企业的内部数据、应用等往往不会公开。而 OA 系统在满足企业的各种协同办公需求的同时，将会对企业的各个模块进行深入挖掘，对数据进行详细分析，以优化业务流程。OA 系统的能力随着企业数据的积累与沉淀不断提升，逐步成为企业发展的"助推器"。在大模型赋能各行各业的浪潮中，OA 系统与大模型相结合，能够迸发出更大的火花。

在产品形态方面，OA 协同办公工具的发展方向是平台化和模块化。对于用户而言，平台化指的是办公产品之间的连接属性增强，能够以平台的形式为用户提供服务。对于企业而言，平台化指的是产品的开放性提高，以平台的形式与其他应用深度融合，产品成为流量入口。

模块化指的是企业能够通过云原生架构对产品的功能进行拆解，形成松耦合结构。OA 系统以元素组件化作为设计理念，实现各种功能的高度模块化。用户可以从自身的需求出发，对各种功能进行自由组合，实现随时使用。当用户的需求发生变化时，产品的功能模块能够随时添加或减少，产品具有实用性和灵活性。

工作流指的是一系列相互衔接、能够自动推进的业务流程与任务，是企业业务运转的基础，也是协同办公的常见形式。人工审批流、页面流等都是常见的工作流。在 OA 系统的助力下，员工可以利用计算机按照既定的规则传递文档或信息，完成业务目标，实现工作流的自动流转。通过使用 OA 系统，员工可以清晰地了解工作流中正在进行的流程、审批状态等，有效提高业务流程的执行效率。

OA 系统以工作流引擎为核心。工作流引擎能够连接各个应用模块，连接所有员工与事务，有效实现业务协同。在五大功能引擎的支撑下，OA 系统能够提高员工的工作效率，在企业内部形成协同办公的良好工作氛围。

7.2.3 大模型与 OA 系统融合成为趋势

大模型使用了强大的自然语言处理技术，与工作流引擎相结合，可以有效简化 OA 系统的操作方式。OA 系统的应用范围十分广泛，能够有效连接企业中后台的所有门户。但同时，OA 系统的应用复杂程度很高，操作体验相对较差。而工作流引擎与大模型相结合后，OA 系统可以以自然对话的方式与员工交互，省去大量人工操作的环节，有效推进工作进度。

大模型可以为 OA 系统提供更加高效的沟通协作方式，提高协同办公的效率。例如，在传统的 OA 系统中，员工想要上传一份技术支持请求，应该确认该请求的类别并创建相应的工单，再由系统将工单分发给技术支持团队。对于不懂技术的员工来说，这套流程十分复杂。

而 OA 系统搭载大模型后，员工可以使用自然语言描述问题，大模型会对员工输入的内容进行分析，并自主判断请求类型，生成相应的工单分发给对应的团队。大模型还能够在技术团队处理问题时及时更新进度，有利于实现内部的有效沟通。

OA 系统与大模型融合成为一种趋势，许多企业将搭载大模型的 OA 系统作为 B 端市场的生态入口。未来，OA 系统的门户界面有望被大模型交互界面代替，员工可以便捷地访问系统中的内容。

例如，摩根士丹利利用 OpenAI 的 GPT-4 大模型打造了一个 AI 机器人。该 AI 机器人能够管理企业的知识内容，员工搜索资料时无须在资料库中手动检索，而是向大模型提问，大模型会自动搜索相关内容并输出。

未来，OA 系统与大模型相结合的交互界面将取代传统的 OA 门户界面，OA 系统将成为连接企业中后台应用、数据与内容的生态入口。

7.2.4 Microsoft 365 Copilot：大模型与办公软件结合的探索

2023 年 3 月，微软在发布会上宣布其旗下的办公软件将与大模型相结合。例如，Microsoft 365 将接入 AI 驱动工具 Copilot，并推出生成式 AI 助手 Microsoft 365 Copilot，以提高办公效率。

　　该 AI 助手搭载 OpenAI 推出的 GPT-4 大模型，设置在 Microsoft 365 的侧边栏，可以作为聊天机器人随时被召唤，为用户带来智能、高效的办公体验。微软表示，Copilot 能够通过自然语言理解用户的需求，为用户提供个性化服务。随着自然语言理解技术的发展，Copilot 能够将大模型、用户数据和应用三者结合起来。

　　Copilot 贯穿微软办公产品线的始终，使数据能够在各个产品中流通。Microsoft 365 Copilot 能够将大模型与 Microsoft Graph 中的数据（如邮件、文档、会议、聊天等）和办公软件（如 Word、Excel、PowerPoint 等）联系起来，并通过一系列步骤，将用户的命令转化为应用层的执行动作，如表 7-1 所示。Copilot 以迭代的方式对一系列流程服务进行处理和编排，最后构成了集大模型、用户数据和应用于一体的 Copilot System，具有多种多样的功能。

表 7-1　将命令转化为执行动作的步骤

步　　骤	内　　容
第一步	用户在办公系统中输入 Prompt（提示符）。Copilot 收到用户的 Prompt 后，利用 Grounding（着陆）技术对 Prompt 进行预处理。Copilot 的处理方式是借用 Microsoft Graph 对该 Prompt 的业务内容、背景信息等进行查询，并根据查询结果对 Prompt 进行修改
第二步	Copilot 将修改后的 Prompt 发送给大模型
第三步	大模型对 Prompt 进行回应，并将回应反馈到 Copilot。Copilot 对返回的 Prompt 继续进行处理，包括安全性、合规性等方面的检查，并生成调用应用的命令
第四步	Copilot 会向用户做出最终回复，并将调用应用的命令返回给应用

　　Copilot 与 Microsoft 365 的应用紧密结合。在 Word 中，用户可以借助 Copilot 进行文稿生成，提高内容创作效率；在 Excel 中，Copilot 可以根据用户输入的数据生成可视化图表；在 Outlook 中，Copilot 可以帮助用户管理、生成邮件；在 Teams 中，Copilot 可以帮助用户记录会议内容，并生成会议总结。Copilot 能够有效提高用户的办公效率。

　　微软还发布了一个被称为用户"私人助手"的软件——Business Chat。Business Chat 能够将数据转化为知识，提升企业办公效率。在 Copilot 的支持下，Business Chat 能够横跨软件进行信息汇总，辅助员工办公，成为企业办公新入口。例如，团队使用 Business Chat，可以在同一个页面中推进业务，员工 B 可以对员工 A 创建的文档进行修改，实现办公协同，提高办公效率。

微软还将 Copilot 接入旗下的低代码应用开发平台 Power Platform。用户可以在平台上输入其想要的应用、功能和流程，Copilot 可以根据用户的需求创建应用，并提供改进建议。Copilot 能够帮助用户节约应用开发时间，提升业务运转效率。

虽然 Copilot 仍处于小范围测试的阶段，但是在未来，Copilot 将以大模型赋能办公场景，提升用户的办公效率。

7.3 企业布局，抢占大模型办公先机

办公场景与大模型相结合具有巨大的发展潜力。一些办公软件企业积极尝试大模型与办公软件的融合应用，借助大模型提升办公软件的能力。同时，一些科技巨头推出了大模型，探索大模型在办公软件领域的应用。例如，印象笔记自主研发轻量化大模型、讯飞星火认知大模型为办公赋能。

7.3.1 科技巨头以大模型入局办公软件领域

一些具有文档处理、对话等功能的办公软件与大模型相结合后，能够立竿见影地提升办公效率和办公质量。因此，许多办公软件企业积极拥抱大模型，以大模型升级旗下办公软件。

1. 金山办公

金山办公是国产办公软件领域的佼佼者，主要负责 WPS Office 系列产品的研发、服务以及推广。金山办公深耕办公软件行业多年，旗下有 WPS Office、金山文档和稻壳等多个办公软件。

金山办公坚持贯彻自主研发路线，发明了 WPS 新内核引擎技术、以大数据分析为基础的知识图谱技术和移动共享技术等。其中，图片识别、文档识别与转化技术在国内遥遥领先。金山办公实现了核心技术的突破，打造了互联网办公的应用服务模式，创新了智能办公体系，有利于提升用户的办公体验。金山办公构

建了完善的应用矩阵，全面赋能企业办公效率提升。

WPS Office 是金山办公的核心产品，能够为用户提供完善的办公服务，不仅实现了桌面版、移动版的多端覆盖，还在各个终端设备上拥有相同的文档处理能力，使用户的办公更加高效。金山文档是一个在线文档编辑工具，用户能够在不同终端上对文档进行管理、查看和编辑，实现协同办公。

WPS 365 是一款金山办公推出的、具有强大功能、能够提升企业协作管理能力的软件。WPS 365 是数字办公"全家桶"，主要有内容创作、沟通协作、安全管控和开放生态四个能力，实现了文档、会议、消息等应用的贯通和办公场景全覆盖。

在大模型火热的当下，金山办公不甘落后，以大模型赋能办公软件，实现快速发展。金山办公将"多屏""云""内容""AI""协作"等关键字作为自身的发展方向，借助 AI 完善办公产品云服务体系。同时，金山办公还利用 AI 赋能算法，研发出许多智能办公助手，不断提升 Office 系列产品的智能程度。金山办公坚持协作战略，努力探索多人协作新思路，构建协作办公矩阵。

此外，金山办公还积极探索 AIGC 与大模型相结合的人机交互技术，并将这种技术在许多场景落地，包括文档翻译、中英词汇校对、语音转换、辅助写作等，能够提升用户的智能办公体验。

2022 年年底，OpenAI 发布了 ChatGPT，给办公软件行业带来了巨大变革。许多企业努力追赶 AI 发展的脚步，依托 AI 和大模型技术构建智能办公体系。未来，金山办公将会持续招募大模型领域的人才，并利用创新技术重构办公产品，助力办公软件行业数字化转型。

2. 飞书推出"My AI"

2023 年 4 月，飞书推出了新产品——My AI。My AI 是一个基于自然语言处理技术的新一代 AI 助手，能够推动办公软件行业智能化变革。

My AI 具有多种功能，包括语音识别、语音理解和智能问答等。My AI 可以帮助用户解决办公问题，如安排会议、收发邮件、搜索资料等。用户可以通过文字与语音的方式与 My AI 交互。

My AI 具有强大的自适应学习能力，能够根据用户的需求进行升级，不断优化自身的功能。My AI 会基于数据进行持续的训练与优化，为用户提供更加优质的个性化服务。

飞书是字节跳动推出的面向企业的办公工具，主要应用场景是企业内部的办公。My AI 优点众多，可以在节省人力成本的前提下提高企业的办公效率，提升员工的工作质量。My AI 还能够对数据进行分析，并做出预测，助力企业做出科学、准确的决策。

面向个人用户，My AI 也具有广泛的应用场景。智能手机、智能手表、智能音箱等各类电子产品层出不穷，用户需要一个智能助手进行生活管理。而 My AI 可以高效地帮助用户解决多种问题，节约用户的时间，提升用户工作效率和生活质量。

虽然 My AI 优点众多，但仍存在一些问题，如语言系统不够完善、语言的丰富性欠佳。My AI 主要基于中文、英语等应用较为广泛的语言进行开发，支持小众语言与方言的能力比较薄弱。除此之外，My AI 还需要考虑到各个地区的文化差异，满足不同地区用户的不同需求。

飞书努力钻研多语言和多文化方面的技术，致力于提升 My AI 的语言处理和文化适应能力，推动 My AI 朝着本土化和国际化的方向发展。同时，飞书还将保护用户的隐私与安全作为应用开发重点，致力于为用户提供优质、便捷的服务。

想要推动 My AI 的应用与普及，飞书就需要考虑网络环境这一因素。在运行过程中，My AI 需要进行大量的数据传输与计算，而其性能与运行效率受到网络环境的影响。针对这种情况，飞书使用网络代理服务 MaxProxy 对网络环境进行优化，有效提高了 My AI 传输数据的速度与稳定性，提升了用户体验。

总之，飞书发布的 AI 助手兼具实用性与创新性，具有巨大的发展潜力。随着大模型的发展与 AI 技术的进步，My AI 将持续发力，助力企业办公自动化、智能化。

7.3.2 科技巨头以大模型为办公软件企业赋能

作为大模型发展的蓝海，办公软件领域具有巨大的发展潜力。科技巨头纷纷在办公软件领域布局，该领域发生了颠覆性改变。

1. 泛微网络

泛微网络科技股份有限公司（以下简称"泛微网络"）是企业微信的战略合作伙伴，在协同管理软件领域深耕 20 多年，与各类企业合作，推出了许多办公产品。泛微网络面向大中型企业推出了协同平台型产品 e-cology，面向中小型企业推出了应用型产品 e-office。

经过十几年的探索，泛微网络的集成引擎能够连通上百个信息管理系统，打通客户企业内部的信息孤岛。借助泛微网络的低代码开发平台，客户企业可以将自己的管理想法转变为系统应用。泛微网络的软件产品形式灵活，拥有七大引擎。这七大引擎覆盖全组织、全场景，能够推动企业管理方式变革。

2020 年，腾讯以出资的方式与泛微网络展开深度战略合作。2022 年 12 月，腾讯推出了万亿级参数的 NLP 大模型——"混元"大模型。当前，该大模型已应用于腾讯旗下多个核心业务中。除了混元大模型，腾讯还研发类似 ChatGPT 的聊天机器人，该聊天机器人有望应用于腾讯旗下的微信、QQ 等应用中。作为企业微信的战略合作伙伴，泛微网络有望搭载腾讯的大模型，为办公软件企业提供支持。

2. 致远互联

北京致远互联软件股份有限公司（以下简称"致远互联"）成立于 2002 年，主要专注于研发协同管理软件，能够为企业提供产品、解决方案与云服务，帮助企业提升管理效率，实现数字化转型。

致远互联推出了 COP（Collaborate Operation Platform，协同运营平台）产品，这标志着其业务发展方向从协同办公向协同运营转变。致远互联以协同运营的方式打破了企业业务拓展的边界，有利于提升企业的运行效率，提升企业的核心竞争力。

致远互联与华为云进行了深度生态合作，有望搭载华为"盘古"大模型。致远互联与华为云已合作多年，2018 年，致远互联的协同管理软件入驻华为云的"严选商城"；2019 年，致远互联成为华为云 SaaS（Software as a Service，软件即服务）耕"云"计划的合作伙伴；2021 年，致远互联旗下平台接入华为

"鸿蒙"系统；在华为盘古大模型上线后，致远互联率先与其合作，巩固自身在协同办公软件领域的优势。

3. 蓝凌利用 ChatGPT 打造"蓝博士"

随着 ChatGPT 不断更新，其功能越来越丰富，能够触达的行业也越来越多，成为许多用户的 AI 助手。许多企业积极布局，利用 ChatGPT 赋能自身业务拓展和行业发展。深耕于数智化办公领域的深圳市蓝凌软件股份有限公司（以下简称"蓝凌"）率先引入 ChatGPT，并将 ChatGPT 接入智能应用"蓝博士"中，为用户带来新奇体验。

在"蓝凌数智化工作平台体验大会"上，蓝凌向用户展示了蓝博士的功能。蓝博士搭载了全球领先的大模型技术，能够担任智能客服、书写文案、编写代码、搜索知识、与用户进行语音交互等。

蓝博士可以应用于代码的编写、检验，并生成 HTML（Hyper Text Markup Language，超文本标记语言），在与用户的交互中便能够完成工作。在文案方面，蓝博士可以撰写营销软文、广告文案、活动简讯等，并能够快速生成创意想法；在智能对话方面，蓝博士能够对用户的问题进行分析，并生成相应的回答。此外，企业还可以在使用蓝博士时上传内部资料，打造专属语料库。

除了蓝博士外，蓝凌还一直致力于打造数智化办公新引擎。经过多年的迭代与实践，蓝凌 MK 数智化工作平台已经具备先进的技术架构、成熟的应用实践和开放的生态。蓝凌搭建了云原生微服务架构，提升了行业的敏捷性与创新性。蓝凌与安信、OPPO 等头部企业合作，展现了自身产品的可靠性。

蓝凌 MK 智能引擎不仅能接入 ChatGPT，还能接入"通义千问""文心一言"等大模型。在蓝凌数智化产品的支持下，企业的办公效率能够得到提升。

7.3.3 印象笔记自主研发轻量化大模型

为了增强自身竞争力，许多企业将 AI 融入产品，印象笔记也不例外。印象笔记将基于大语言模型的 AI 功能应用到旗下产品中，如"印象 AI"。印象 AI 搭载了印象笔记自主研发的轻量化大模型，功能强大。不同于其他需要内测与邀请码的 AI 产品，用户只需要将印象笔记更新到最新版本，就可利用 AI 功能进行写作。

印象 AI 功能多样，用户可以借助其对文档进行总结、续写文章、翻译等。在交互设计方面，印象 AI 有具体的落地场景，如作文书写、撰写媒体采访稿、生成广告文案等。

印象笔记一直致力于 AI 研究，从 2018 年便开始研究神经网络，"生成摘要"功能就是 AI 的具体应用。印象笔记推出的"大象 GPT"轻量化大模型参数高达百亿个，能够对知识管理与办公协作场景进行优化，根据不同用户的不同需求为其提供不同的大语言模型。

在写作方面，用户输入包括文章主题、字数、体裁等内容的一句话，印象 AI 能够快速生成文章。印象 AI 的页面中有"完成"与"继续写作"两个选项，如果用户点击"继续写作"并提出要求，印象 AI 能够根据上文继续进行内容生成。印象 AI 还有总结与简化语言的能力，虽然在测试中印象 AI 每次生成的简化后的内容都不同，但基本上没有事实性错误。

印象 AI 的"AI 帮我写"功能与 ChatGPT 的问答功能相似。用户在输入框中输入"如何提高学习成绩"和"给出一个组织班会的方案"，印象 AI 能够给出相应的回答。甚至在"鱼香肉丝这道菜使用了什么鱼"的问题上，印象 AI 规避了陷阱，回复"鱼香肉丝的名称与其食材的关系不大，只因其味道鲜美，给人以鱼的感觉，才被命名为鱼香肉丝"。

印象 AI 的交互设计十分独特，没有问答界面，而是为用户提供了许多场景选项。印象笔记方认为，问答并不一定是 AI 与用户交互最好的方式。用户在已有的模板中进行选择，有利于顺利开启对话，能够更清晰地表达自身的诉求。未来，印象 AI 的交互菜单将会走向私人定制化，满足用户的多元化需求。例如，面向传媒从业者，新闻稿与采访稿生成将会放到菜单的最前面。

印象 AI 能够辅助用户进行新闻采写。例如，用户向印象 AI 提问"请列出采访印象笔记需要询问的问题"，印象 AI 迅速给出 10 个问题，包括"印象笔记计划对人工智能的研究进行哪些投入呢""印象 AI 的算法是如何设计的"。

印象笔记方表示，印象 AI 搭载的大象 GPT 采用了市面上知名的开源大语言模型，并对模型进行了微调。大象 GPT 在训练过程中使用了印象笔记自行加工的指令数据集，能够适用于更多知识管理场景。

印象 AI 会收集用户输入的内容与指令，用于模型训练。印象 AI 还会充分考虑用户的感受，根据用户的意见进行迭代，以生成丰富多样的高质量回答。此外，印象 AI 还结合印象笔记"个人知识库"的概念，利用用户的数据进行训练，为用户构建专有模型，更好地为用户服务。

印象笔记方认为，印象 AI 本质上是一个统计模型，用户可以将其作为一个辅助工具，例如，用户需要书写采访稿，可以利用印象 AI 生成草稿。但对于特别专业的问题，用户应该判断答案的准确性。未来，印象笔记将会持续对印象 AI 进行微调，满足用户的多种需要，为用户提供高效的交互方式。

7.3.4　讯飞星火认知大模型为办公赋能

2023 年 5 月，科大讯飞在发布会上发布了讯飞星火认知大模型，并展示了其在教育、办公、汽车、数字员工等领域的应用前景。

在发布会上，科大讯飞展示了讯飞星火认知大模型在语音输入、实时互动、文本生成、语言理解等方面的能力。在科大讯飞的不断努力下，讯飞星火认知大模型在文本生成、知识问答、数学能力三个方面超越了聊天机器人 ChatGPT。科大讯飞计划与众多开发者合作，共同推进讯飞星火认知大模型的发展，构建完善的大模型生态系统。

自 ChatGPT 问世以来，AI 技术获得了许多关注，认知大模型技术也持续发展，在全球掀起了热潮。认知大模型技术具有强大的能力，能够在多个领域获得发展。认知大模型技术是人工智能技术的曙光，能够为通用人工智能赋能。

科大讯飞表示，其在研发讯飞星火认知大模型时，进行了多方面的分析，分别从 ChatGPT 关注的任务方向和讯飞开放平台的开发者团队需求出发，总结出通用人工智能应当具备的七种能力。

科大讯飞联合认知智能全国重点实验室设计了通用认知大模型评测体系，并与中科院人工智能产学研创新联盟和长三角人工智能产业链联盟共同探讨出覆盖七大体系的 481 个细分任务类型，期望讯飞星火认知大模型能够基于科学的评测体系，推动大模型行业发展。

科大讯飞的大模型技术在三个关键节点持续升级。2023 年 6 月，科大讯飞升级大模型的开放式问答与多轮对话能力；2023 年 8 月，科大讯飞升级大模型的代码生成与多模态交互能力，为更多开发者提供助力；2023 年 10 月，科大讯飞实现通用模型对标 ChatGPT，并在教育、医疗等领域做到业界领先。

讯飞星火认知大模型能够赋能教育、办公、汽车、数字员工等领域。在办公方面，讯飞星火认知大模型实现了"大模型 + 智能办公本"。讯飞星火认知大模型能够总结会议内容、生成会议纪要，进一步提升办公效能。在办公场景下，可能会出现稿件阅读困难、纪要整理耗费精力等问题。为了解决这些问题，搭载了讯飞星火认知大模型的讯飞智能办公本升级了会议纪要、语篇规整两个功能。

在会议纪要方面，讯飞智能办公本能够将语音实时转写与墨水屏纸感书写相结合，依据会议内容形成精简的会议纪要，有利于用户快速回顾会议内容。在语篇规整方面，讯飞智能办公本可以对文稿中口语化的词汇进行过滤，对文本进行润色，能够将一篇文稿转化为书面内容，有效提升阅读效率。

科大讯飞认为，人工智能的发展离不开行业内每个人的努力，而不仅依靠单个企业或机构的努力。因此，科大讯飞在其开放平台上上线了讯飞星火认知大模型，帮助开发者打造更有价值的 AI 应用。科大讯飞开放了 500 多项 AI 能力，吸引了百万生态合作伙伴。多家企业与科大讯飞合作，在日常业务中接入讯飞星火认知大模型，共同打造大模型生态系统。未来，科大讯飞将从多维度进行资源供给，赋能各行各业的开发者，推动大模型在更多场景落地应用。

大模型+对话式AI：
提升AI产品智能性

第 8 章

当前，文本机器人、语音机器人、多模态机器人等对话式 AI 已经在诸多场景中实现应用。在大模型出现以前，受限于技术能力，对话式 AI 往往只能回答简单的问题，在语义理解、情绪识别等方面存在缺陷，用户的使用体验不佳。

而大模型为对话式 AI 提供了强大的智能对话能力，使对话式 AI 拥有了一个智慧"大脑"。基于此，对话式 AI 在交互中存在的知识与情感障碍被破解，具备更加完善的功能。

8.1　对话式 AI 的竞争走向体系化

当前，对话式 AI 领域的竞争十分激烈，已经不再只是技术的较量，而是体系化的竞争。即对话式 AI 的竞争力不仅在于技术，更在于谁能将产品、算法等更好地与具体业务场景融合。大模型能够从多个角度赋能对话式 AI 的发展，为对话式 AI 的竞争提供新的助力。

8.1.1　对话式 AI 的三大技术要点

从技术方面来看，对话式 AI 主要有三大技术要点，如图 8-1 所示。

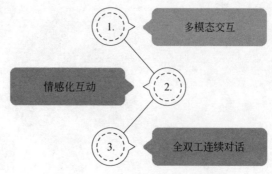

图 8-1　对话式 AI 的三大技术要点

1. 多模态交互

对话式 AI 的交互主要包括以下几种方式。

（1）文本交互：指的是对话式 AI 通过自然语言文本进行交互。实现原理是对话式 AI 通过自然语言处理技术分析用户输入的文本，并通过相应的算法生成用户需要的文本。

（2）语音交互：指的是用户可以通过语音与对话式 AI 交互。实现原理是对话式 AI 通过语音识别技术将用户的语音转化为文本，再通过自然语言处理技术将文本转化可以理解的指令，并执行相应的操作。

（3）图像交互：指的是用户通过图像与对话式 AI 交互。实现原理是对话式 AI 通过计算机视觉技术（如图像识别、姿态识别等）将用户输入的图像转化为可以理解的指令，再执行相应的操作。

（4）手势交互：指的是用户通过手势与对话式 AI 交互。实现原理是对话式 AI 借助姿态识别技术将用户的手势转化为可以理解的指令，再执行相应的操作。

多模态交互将以上多种交互方式整合在一起，用户可以自由选择交互方式，与对话式 AI 交互。在交互过程中，对话式 AI 需要实现多模态输入和多模态输出，即接受文本、语音、图像等多种形式的内容输入，通过语音合成、图像生成等技术，将输出的内容转化为用户想要的形式。要想实现对话式 AI 的多模态交互，对话式 AI 系统就需要集成文本、语音等多模态理解和生成算法。这是对话式 AI 实现多模态交互的技术要点之一。

2. 情感化互动

情感化互动也是对话式 AI 的技术要点之一。对话式 AI 不仅需要输出完整的对话内容，还要与用户进行情感化互动。例如，在医疗服务场景中，对话式 AI 需要体现出对用户的人性化关怀；在在线教育场景中，对话式 AI 需要有亲和力。

此外，根据不同用户的不同互动情况，对话式 AI 需要自动调整情感表达方式。这需要对话式 AI 具备较强的感知能力和学习能力。例如，对话式 AI 可以通过观察用户的表情和肢体语言判断用户的情感状态，给予用户相应的回应，与用户进行更加自然、流畅的交互。

对话式 AI 情感化互动的实现离不开 AI 技术的帮助。深度学习技术可以使对话式 AI 自主学习和优化情感表达方式；自然语言处理技术和情感分析技术可以帮助对话式 AI 更加准确地理解和解释用户的情感和行为，让用户可以更好地表达自身的情感。

3. 全双工连续对话

全双工连续对话的技术难点主要有两个：一是主动对话和被动对话之间的切换；二是听说角色之间的切换。当前，市面上的一些对话式 AI 在智能性方面存在欠缺。当用户提出问题时，对话式 AI 只会从已有的知识库中进行检索，并据此回答用户问题，功能十分单一，无法与用户主动沟通。同时，在回答问题的过程中，对话式 AI 无法响应用户提出的新问题。

应用了双全工技术的对话式 AI 不会只被动地与用户一问一答，而是拥有双向语音对话能力，能够提升人机交互体验。具体而言，基于双全工技术的对话式 AI 具有以下两种能力。

（1）除了被动回答用户的问题外，对话式 AI 能够与用户主动沟通。例如，主动与用户打招呼、对话过程中主动询问用户的需求、主动询问不太清楚的对话内容等，使人机对话更加自然。

（2）对话式 AI 能够实时切换听说角色。在对话式 AI 讲话过程中，如果用户提出了新的问题或表达自己的意见，对话式 AI 可以及时中断讲话，切换到倾听者的角色，了解用户的要求。当用户表达完自己的需求时，对话式 AI 会切换到说话者的角色，提供相应的内容。在讲话被打断时，对话式 AI 可以及时中断此前的回答，根据用户提出的新要求，调整内容输出的优先级，输出合适的回答。这能够避免对话内容重复，实现对对话过程的控制。

在全双工场景下，对话式 AI 可以提升人机对话的稳定性、灵活性，实现更加自然的连续对话。

8.1.2 提高对话式 AI 底层模型的构建效率

对话式 AI 的底层支撑是知识库和模型数据集。怎样快速、准确地从原始数据中提取到有用的数据，并构建数据集用于模型训练，是对话式 AI 发展的难点。

为了解决这个问题，很多公司都会借助一些工具，如标注系统、模型管理系统等，对模型进行系统性的训练。同时，在对话式 AI 模型训练的过程中，许多环节都需要人工完成。在这种情况下，会出现数据不一致、训练效率低等问题。

而在大模型时代，生成式 AI 底层模型的构建以 AI 为主导，只有决策环节需要人工介入。这能够大幅提升数据处理、知识萃取、模型构建的效率和效果。

例如，为了做好客户服务，很多企业都上线了 AI 客服。在打造 AI 客服的过程中，企业需要构建知识体系，用于打造 AI 客服知识库和构建底层模型。这些累积多年的知识体量庞大，且往往以文档、视频、语音等多种形式存在。企业需要耗费大量人力整理资料并上传至 AI 客服知识库中。知识库中的知识难以覆盖用户提出的所有问题，知识库仍有很大的完善空间。

凭借大模型强大的理解能力，企业在打造 AI 客服知识库时，只需要将目前已有的知识与大模型相结合，就能够快速形成知识库基本框架。同时，基于大模型强大的学习能力，即使用户提出较为复杂的问题，AI 客服也能够基于对知识库中知识的学习，生成符合逻辑且专业的回答，提高客户服务水平。

如果企业内部的知识有更新，那么 AI 客服的知识库也需要更新，以保证回答的准确性。以往，AI 客服的每次业务更新都需要企业重新构建知识库，耗费大量成本。而大模型可以帮助企业降本增效，企业只需要将新的知识上传到知识库中，接入大模型的 AI 客服就会自动学习，输出新内容。这极大地降低了 AI 客服在使用过程中的维护成本。

8.1.3 大模型赋能对话式 AI 生成个性化内容

大模型对对话式 AI 的赋能还体现在内容生成方面，包括知识库配置、对话设计、策略编排等。

以往，对话式 AI 多为预设式 AI，对话设计、策略编排等全流程都需要人工参与。同时，生成式 AI 与用户的互动也需要人工去识别用户意图，引导生成式 AI 输出更加准确的内容。而大模型使得对话式 AI 的内容生成模式从之前的预设模式转变为智能生成模式，可以实现对话内容生成、运营策略生成等。这能够大幅提升对话式 AI 生成内容的准确性和效率，提升人机交互体验。

大模型能够赋能人机对话效果全面提升。例如，大模型能够实现对话内容连续生成，使生成式 AI 能够与用户连续对话；大模型能够助力虚拟数字人生成，即通过一段文字实时驱动虚拟数字人。通过口唇驱动、表情驱动、动作驱动等技术，用户可以驱动虚拟数字人进行动态交互。

在运营策略生成方面，用户输入自己的需求，如"生成一个化妆品品牌的七夕营销策略"，生成式 AI 就会根据需求生成完整的策略。在这个过程中，生成式 AI 会依据各种数据，对目标受众、竞争对手、市场趋势等进行分析和预测，进而生成有针对性、科学的营销策略。同时，在生成策略的过程中，用户可以向生成式 AI 提出各种微小的个性化需求，实现策略的进一步完善；也可以在 AI 生成策略的基础上进一步优化，形成最终的策略。这大幅提升了制定运营策略的效率。

在大模型的助力下，对话式 AI 生成的内容将更加个性化、更具智慧性。随着大模型的发展，其将推动生成式 AI 渗透更多领域，实现更多内容的智能产出。

8.1.4　大模型加持，对话式 AI 实现进化

大模型与对话式 AI 的结合为对话式 AI 革新带来契机。对话式 AI 的运行离不开智能系统的支持，而智能系统的感知、控制、决策等能力都来源于 AI。在多模态大模型出现后，AI 在理解、人机交互等方面的能力得到了提升，除了文本、语音外，AI 还可以识别用户的动作、表情、语气等。基于小模型运行的对话式 AI 可能难以完成一些复杂任务，而基于大模型运行的对话式 AI 完成这些任务的效率和效果将会大幅提升。

在大模型的支持下，对话式 AI 将实现以下几个方面的进化，如图 8-2 所示。

图 8-2　对话式 AI 将实现三个方面的进化

1. 感知系统

在大模型的支持下，多模态数据采集与对话式 AI 的结合，能够实现多维数据的并行处理，使对话式 AI 能够感知复杂、动态变化的外部环境，更精准地理解任务。当前，对话式 AI 主要应用于边界固定的场景，而大模型能够以更加智能的感知系统帮助对话式 AI 进入更加复杂、开放的探索性场景。

2. 规划与决策

在规划层，大模型可以更好地在对话式 AI 智能系统中植入内容丰富的知识库，并与对话式 AI 应用中的现场随机性相结合，实现多模态智能融合，最终获得兼具知识积累和个性化场景需求的可执行规划命令。这能够推动对话式 AI 更好地适应开放式的环境和个性化的用户命令，完成多样化的任务。在决策层，大模型能够基于海量、持续更新的数据，驱动生成式 AI 形成自训练算法并持续优化，助力生成式 AI 形成更加精准的决策系统。

3. 交互方式

大模型将给对话式 AI 带来人机交互新范式。在多模态大模型的支持下，用户可以通过自然语言和开放式命令与对话式 AI 互动。用户可以向对话式 AI 下达复杂、模糊、询问式的指令，而大模型驱动的交互引擎可以分析用户意图，获得准确的可执行命令，并转发给对话式 AI，以执行命令。

大模型与生成式 AI 的结合，将促进生成式 AI 的进化。在大模型的加持下，生成式 AI 可以完成更加复杂的任务，应用于更广泛的领域。

8.1.5　客服 Robot：企业级机器人出现

在生成式 AI 方面，一些企业基于大模型打造更加智能的 AI 应用，并推动其落地。例如，客户服务方案提供商合力亿捷实现了与 ChatGPT、Azure 等大模型的对接，并推出了基于大模型的企业级机器人——客服 Robot。企业可以通过这一机器人调用大模型能力，实现降本增效。

提升企业级机器人的对话效率和准确率，是合力亿捷研发客服 Robot 的主要切入点。传统企业级机器人依据企业知识库而运作，需要人工将企业内部知识、材料进行整理并上传到机器人知识库中。汇总、整理、上传等流程耗费大量人力、物力，且效率较低。同时，对于用户提出的问题，传统企业级机器人只能从知识库中搜索相关答案，一旦用户所提问题没有被收录到知识库中，传统企业级机器人就无法给出回答。

而有了大模型的助力，合力亿捷在打造客服 Robot 时，只需要将企业知识库与大模型相结合，就能够实现各种知识的归纳和整理，减少了人工的工作量。面对用户提问，客服 Robot 能够自动整理知识库中各种碎片化的知识，生成精准的回答，大幅提升了应答效率和准确性。

同时，客服 Robot 具有强大的独立理解能力。在大模型理解能力的赋能下，客服 Robot 能够在进行预设问题的训练后，独立完成问题理解、意图识别、逻辑应答等流程，更加易用、便捷。

此外，客服 Robot 遵循自身逻辑进行应答。在与用户对话时，客服 Robot 会对用户提出的问题进行分类，再做出相应的回应。当用户询问与企业相关的问题时，客服 Robot 会识别用户的意图，并回答与企业、产品相关的各种问题。在进行多轮对话时，客服 Robot 会结合上下文以及知识库给出准确的回答。如果用户的提问涉及企业敏感信息，客服 Robot 会进行敏感信息的风控管理，输出安全的内容。

客服 Robot 发布后，吸引了数百家企业客户进行体验，大部分客户反馈良好。未来，客服 Robot 将服务更多的企业，促进企业客服的智能化转型。

8.2 文本机器人接入大模型

文本机器人接入大模型后，可以丰富自身的知识库，基于强大的语义理解能力智能回复多样化、个性化的问题。

8.2.1 大模型丰富知识库，提升 AI 理解能力

文本机器人是一种基于深度学习技术的自然语言处理工具，能够从文本中识别关键信息并进行语义分析，帮助用户快速获取整理后的数据或分析结果。文本机器人的开发，离不开以下三项技术的支持。

（1）自然语言理解。自然语言理解是一种帮助计算机理解文本内容的技术，能够赋予 AI 理解人类自然语言的能力，并完成特定的语言理解任务，如文章理解、文本摘要、文本翻译、情感分析等。

（2）自然语言生成。自然语言生成指的是将计算机生成的数据转换为用户可以理解的语言形式。在用户与文本机器人交互时，文本机器人需要先利用自然语言理解技术理解用户的意思，再利用自然语言生成技术进行回复。

（3）模型支持。文本机器人的开发，需要足够的文本数据来训练模型。模型训练的结果直接决定了文本机器人对话系统的功能。因此，如何训练出一个好的对话系统是文本机器人开发的关键。

在技术的限制下，传统文本机器人存在一些共性问题，例如，知识库不够完善；难以生成与用户提出的专业化问题或个性化问题相匹配的回答；在语义理解、情感理解方面存在欠缺，回复生硬，缺乏亲和力。

而大模型能够为文本机器人提供更强大的技术支持。以大模型为基础，文本机器人能够获得通用知识支持，同时可以结合不同行业的需求进行微调，能够针对不同行业生成专业化的回答。此外，在大模型的支持下，文本机器人的语义理解能力大幅提升，能够响应用户提出的个性化问题，为用户提供个性化推荐。

文本机器人服务于用户，因此用户体验十分重要。以往，很多公司在开发文本机器人时，只考虑技术实现问题，而忽视用户体验，因此，虽然文本机器人能够完成一些对话任务，但在用户体验方面仍有待提升。而大模型与文本机器人结合，能够使文本机器人摆脱发展困境，在对话流畅度、语义理解、生成内容的精准性等方面有所提升，进而提升用户体验。

8.2.2 应用场景：智能问答＋智能客服

目前，文本机器人已经在一些场景中得到应用，如智能问答、智能客服等。大模型与文本机器人的结合将大幅提升文本机器人的智能性，并为用户提供更加贴心的服务。

聚焦文本机器人智能问答应用场景，一些公司已经进行了积极探索。2023年 4 月，科技公司 Snap 召开了"2023 全球生态合作伙伴大会"。在会上，

Snap 公布了旗下智能聊天机器人"My AI"的最新进展。

My AI 在 2023 年 2 月向"Snapchat+"订阅用户开放测试，受到了广大用户的喜爱。在此次大会上，Snap 宣布 My AI 面向全球 Snapchat 用户开放，并进行了功能升级。

（1）自定义姓名和形象：用户可以给 My AI 设置名字和形象，使其成为符合自己个性化偏好的智能聊天机器人。

（2）AR 滤镜和地点推荐：My AI 可以为用户推荐 AR 滤镜，也可以在 Snap 地图中向用户推荐满足用户需求的地点，如为家庭出游推荐合适的目的地。

（3）加入群聊：用户可以在群聊中邀请 My AI 加入，为聊天、讨论增添更多趣味。

（4）图片或视频互动：拍摄和分享图片或视频是用户与其他用户保持联系的重要方式。用户可以向 My AI 发送图片或视频与其互动，My AI 可以"读懂"这些内容，并以文字的形式做出回复。未来，"Snapchat+"订阅用户有望收到 My AI 生成的图片回复，获得更加有趣的人机互动体验。

（5）安全保障升级：Snap 升级了 My AI 的安全保障功能，包括用户数据保护、规范回复内容、将 My AI 纳入 Snapchat 中的"家庭中心"，便于父母查看孩子使用 My AI 产品的情况。

除了智能问答场景外，接入大模型的文本机器人在智能客服场景也有很大的应用潜力。文本机器人在智能客服领域的应用十分广泛，其通过品牌 App、小程序、美团等多种渠道为用户提供服务。大模型与文本机器人的结合，助力智能客服为用户提供更加个性化的服务。

一方面，大模型能够帮助文本机器人根据不同行业、不同应用场景进行更专业的模型训练，构建面向个性化业务的知识问答体系；另一方面，大模型能够助力文本机器人快速对接企业内部已有业务系统，根据用户需求，实现查询、办理等业务流程的自动化，提高服务效率。

孚格数字科技基于大模型研发了一款 TalkXpert 智能客服。TalkXpert 智能客服能够提供多平台对接服务、多店铺后台整合等功能，提升电商企业客户的服务效率。

基于多平台对接服务能力，TalkXpert 可以打通多个平台的客服入口，目前已接入微信、美团等平台。这使得电商企业可以在同一个页面处理不同平台的客户咨询问题。同时，TalkXpert 还能够实现多店铺后台整合，将不同店铺的客服后台整合在一起，实现一屏操作，大幅提高了客服的工作效率。

此外，TalkXpert 还具有模型训练与微调能力。电商企业可以对 TalkXpert 进行更具针对性的训练，提高其回复的准确性。

总之，在大模型的支持下，文本机器人能够实现多项功能的升级，在人机互动、任务执行等方面的能力将得到提升，为用户带来更好的使用体验。

8.3 语音机器人接入大模型

语音机器人接入大模型，可以提升语音机器人流畅地进行多轮对话、内容自动生成等能力。同时，大模型还可以提升个性化语音模型的训练效率，助力语音机器人为用户提供个性化服务。

8.3.1 破解"命令式交互"瓶颈，升级互动体验

受限于技术，语音机器人在人机交互方面遇到一些瓶颈，例如，许多语音机器人的交互模式是命令式交互，即与用户的互动以一问一答的形式进行。在这样的交互模式下，语音机器人只能对特定的问题做出回答，或者执行一些特定的命令，交互体验难以达到用户预期。而且，语音机器人不具备理解复杂问题的能力，无法完成复杂的任务。

而大模型能够弥补语音机器人交互体验不佳的缺陷，提升语音机器人的语音识别能力、反馈内容的丰富性和准确性，实现高效、流畅的人机交互，为用户带来更加智能、流畅的交互体验。

大模型与语音机器人的结合已经有了一些实践案例。例如，2023 年 6 月，智能硬件公司乐天派发布了一款 Android 桌面机器人——乐天派桌面机器人，如图 8-3 所示。乐天派桌面机器人是一款接入讯飞星火认知大模型的语音机器人，能够为用户提供更好的语音交互体验。

图 8-3　乐天派桌面机器人

大模型的接入使得乐天派桌面机器人拥有强大的语音对话能力。基于语音识别技术，乐天派桌面机器人能够精准识别用户的语音指令并快速做出反应，流畅地与用户沟通。用户可以向其询问天气，让其播放音乐。同时，乐天派桌面机器人支持用户进行视频通话、拍照、拍视频等。用户可以使用乐天派桌面机器人与亲朋好友沟通，随时随地拍摄照片和视频。此外，乐天派桌面机器人还具有一些更加智能的功能，如回答数学问题、制定旅游路线、进行逻辑推理、编写代码等。

乐天派桌面机器人可以应用于家庭、办公等诸多场景中。在家庭场景中，它可以给用户带来更多情感关怀，如在用户休闲时播放音乐、为用户送上生日祝福等。它还可以监听家中的安全情况，通过连接智能家居设备实现家居的自动化控制等。在办公场景中，乐天派桌面机器人可以作为用户的工作助手，帮助用户完成整理会议记录、文案撰写、翻译等工作。乐天派桌面机器人还具有自主学习的功能，能够通过自我学习优化自身服务，不断提高用户体验。

乐天派桌面机器人具有很高的开放性，支持用户定制功能，例如，支持用户制作表情、自定义交互界面等。同时，其还支持用户切换不同的 GPT 语音助手。随着市场中的 GPT 语音助手越来越多，乐天派桌面机器人将会接入更多的 GPT 语音助手。未来，乐天派桌面机器人将面向用户开放接口，支持安装 Android App。

总之，在大模型的支持下，语音机器人能够实现语音识别能力、精准反馈能力、流畅沟通能力等多方面的提升，破解"命令式交互"瓶颈。而在多模态大模型的支持下，语音机器人将具备多样化的智能功能，为用户的生活提供更多便利。

8.3.2　应用场景：智能音箱＋语音助手

随着大模型的发展和应用，语音机器人也实现了跨越式发展。其中，智能音箱和语音助手等语音机器人应用，在大模型的加持下具备更加强大的性能和更加智能的功能。

在智能音箱与大模型结合方面，一些企业已经进行了探索。2023 年 2 月，小度官方表示，将基于文心一言，打造面向智能设备场景的大模型"小度灵机"，并将这一模型应用到小度旗下全部产品中。2023 年 4 月，天猫精灵宣布接入"通义千问"大模型。小度、天猫精灵等智能音箱玩家已经大步迈进大模型领域，并有了初步成果。

以小度为例，借助小度灵机大模型，小度智能音箱可以变身为用户的超级助理。在测试中，测试员需要告诉智能音箱自己将在周末做什么事情。但是在叙述时，测试员会更改自己的要求，如原定于周日做的 A 事件被更换为 B 事件。

面对这种复杂要求，智能音箱能够从测试员的叙述中提炼出有用的信息，并生成一份正确的时间安排表。此前，小度智能音箱并不具备理解复杂描述以及整合信息的能力，但在小度灵机的支持下，小度智能音箱能够顺利完成以上复杂任务。

同时，在智能家居设备控制场景中，搭载小度灵机的小度智能音箱能够化身智能管家，精准捕捉用户需求。在测试中，测试员以自然语言说出自己工作日和周末的起床时间，以及对冬季和夏季室内温度的要求，小度智能音箱能够根据这些描述，确定什么时候需要开空调、空调需要调到多少度等。相较于传统智能音箱只能够根据"打开空调"这一指令执行操作，小度智能音箱能够认识到不同用户对室内温度的需求不一样，并根据季节以及用户需求将空调调到合适的温度。大模型的支持极大地提升了智能音箱的认知能力。

　　除了智能音箱外，手机语音助手、汽车语音助手等语音助手将在大模型的支持下变得更加智能。语音助手不再只是被动执行指令，而是知道用户在想什么、需要什么。在周围环境发生变化时，用户无须发出指令，语音助手就会自动调整服务内容和服务方式，为用户提供更加贴心的服务。

　　以车载语音助手为例，在用户驾车进入隧道时，语音助手会提醒用户关闭车窗、打开车灯；在汽车电量不足时，语音助手会主动提示附近充电桩的位置。这样的智能语音助手并非只是想象，当前，已经有企业在大模型车载语音助手方面进行了探索。

　　科技企业赛轮思凭借多年的行业经验和技术优势，基于大模型打造了更加智能的车载语音助手。赛轮思车载语音助手具备多样化的主动提醒功能，如主动推荐最佳路线、疲劳驾驶预警、预报极端天气等，能够优化用户的驾驶体验。虽然语音助手的主动提醒是为用户提供帮助，但有一些用户将其视为干扰。为了解决这个问题，赛轮思大量收集用户的偏好、反应等数据，并让语音助手学习这些数据，以更灵活地响应用户需求。

　　基于千人千面智能学习推荐引擎，语音助手能够不断学习用户行为数据、追踪车辆数据，获得丰富的数据信息，再结合赛轮思知识图谱，为用户提供个性化服务。

　　未来，随着大模型技术的发展和更多企业的探索，语音机器人接入大模型将成为趋势。智能音箱、车载语音助手、手机语音助手等语音机器人将实现智能化迭代，为用户提供更贴心的服务。

8.4　多模态机器人接入大模型

　　在大模型的助力下，多模态机器人成为对话式 AI 发展的重要方向。大模型在对话式 AI 发展过程中扮演了重要角色。它可以将多种形式的指令拆解成对话式 AI 可执行的步骤，提升对话式 AI 的推理决策能力，推动对话式 AI 走向通用之路。

8.4.1　大模型驱动多模态机器人发展

在大模型的支持下，多模态机器人能够"看懂"更多提示，更加顺畅地完成多种任务。多模态机器人的智能性得到提升并实现应用扩展，走向通用成为可能。当前，已经有一些企业在机器人接入多模态大模型方面进行了尝试，并有了一些研究成果。

2023 年 7 月，在"第六届世界人工智能大会"上，中信集团推出了新项目"多模态 AI 打造有温度的信用卡服务"。该项目展示了中信集团基于大模型，融合多模态技术打造的智能机器人服务矩阵，包括 AI 外呼机器人、AI 感知机器人、智能问答机器人、智能质检机器人、座席辅助机器人等。

其中，AI 外呼机器人能够实现个性化拟人声服务，使人机交互更自然；AI 感知机器人能够借助大模型挖掘用户痛点，优化服务流程；智能问答机器人能够实现多轮智能问答，提供 24 小时问答服务，随时帮助用户解决问题；智能质检机器人能够实现对话内容的全面检查，保障用户权益；座席辅助机器人能够提供流程导航服务，提升综合服务水平。此外，多模态智能机器人服务矩阵还能够依据用户画像，为用户智能推荐产品；通过"声纹无感核身"帮助老年用户享受直通查询服务，让老年用户获得更有温度的金融服务。

除了中信集团对多模态机器人的探索外，机器人多模态大模型已经出现。同样在这届人工智能大会上，机器人企业达闼机器人发布了机器人多模态大模型 RobotGPT，同时推出了基于大模型的服务平台和一体机产品。

RobotGPT 具备多模态融合感知、决策和行为生成能力，能够帮助机器人理解用户的语言、表情、动作等，并根据指令自动规划和执行任务。基于此，多模态机器人能够实现在复杂场景中的应用，通过"察言观色"与用户实时交互。

RobotGPT 具备多轮对话、多模态交互、AI 变声、声纹识别、图片理解和图片生成等能力，除了实现机器人的多模态交互外，还支持机器人进行精准的行业问答、完成多轮对话等。

未来，在大模型的支持下，多模态机器人的应用范围将进一步拓展，在医疗行业、金融行业、教育行业、制造行业等更多垂直行业实现深度应用，支持更多应用场景。

8.4.2　大模型与工业机器人结合雏形已现

2023 年 4 月，在"第六届数字中国建设峰会"上，阿里云智能集团首席执行官张勇表示，阿里云尝试将"通义千问"大模型接入工业机器人，用户在钉钉输入指令，即可远程操作机器人。

阿里云公布的演示视频展示了这一应用。工程师通过钉钉发送"找点东西喝"的指令后，通义千问大模型会立即理解这一指令，并自动编写一段代码发送给机器人。接收指令后，机器人会识别周围环境，找到桌子上的水杯，流畅地完成移动、抓取等动作，将水杯递给工程师。

此前，机器人只能完成一些设定好的固定任务，难以执行一些灵活性很强的任务。而大模型能够突破这种局限，用户可以通过自然语言指挥机器人完成任务。

在制造业，工业机器人的开发门槛较高。工程师需要编写代码、反复调试，才能使工业机器人满足生产线的任务需求。

大模型可以在工业机器人的开发和应用方面发挥重要作用。以阿里云的探索为例，在工业机器人开发阶段，工程师能够通过"通义千问"大模型生成代码指令，更加便捷地进行工业机器人功能的开发和调试。同时，"通义千问"大模型能够帮助工业机器人生成一些全新功能，如对抓取、移动等能力进行自主编排，使其能够完成更加复杂的任务。在工业机器人应用阶段，"通义千问"大模型能够为机器人提供推理决策能力。工人只需要输入相应的文字，"通义千问"大模型就能够理解其意图，并将文字内容转化为工业机器人可以理解的代码，进而顺利执行任务。这能够大幅提高工业机器人的工作效率。

阿里云已经启动"通义千问伙伴计划"，将在未来为加入的伙伴提供大模型服务与产品支持，推动大模型在不同行业的应用。在工业制造领域，阿里云凭借"通义千问"大模型为企业提供智能解决方案，助力企业优化生产流程，实现高效生产。

8.5　虚拟数字人接入大模型

虚拟数字人是对话式 AI 的一种类型。当前，市面上的虚拟数字人越来越多，扮演主持人、代言人、数字员工等角色，如虚拟主持人"小漾"、屈臣氏虚拟 IP"屈晨曦"等。大模型的火爆为虚拟数字人的发展提供了动力，不少企业都在虚拟数字人接入大模型方面进行探索。大模型使虚拟数字人拥有更加智慧的 AI"大脑"，推动虚拟数字人进一步发展。

8.5.1　大模型重新定义虚拟数字人

虚拟数字人是基于自然语言处理、语音合成等技术的数字产品，具有语音交互、图像识别等功能。在爆发之初，虚拟数字人就吸引了大量关注，而在大模型的热潮中，虚拟数字人再次成为热点。

大模型对虚拟数字人的赋能表现在两个方面。一方面，大模型能够提高虚拟数字人的交互能力，文本交互、图片交互、音视频交互等皆可实现，能够为用户带来多模态交互体验。另一方面，大模型能够为虚拟数字人的创建、驱动、内容生成等提供一站式服务。传统虚拟数字人的生成需要经过 CG（Computer Graphics，计算机图形学）建模、自然语言交互设计等多个流程，成本较高。而大模型能够实现虚拟数字人一站式生成，降低制作成本。

基于大模型的助力，虚拟数字人可以应用到更广泛的领域，未来有望从虚拟偶像、虚拟主播等核心领域向教育、医疗等多个行业渗透，以人性化的交互方式助力更多行业降本增效。

在大模型的浪潮下，许多厂商都在寻找虚拟数字人与大模型结合的切入点。例如，虚拟技术服务商世优科技表示，旗下虚拟数字人业务已经接入 ChatGPT，并在虚拟数字人模型个性化训练方面不断探索；聚焦新媒体技术研发和数字服务的风语筑尝试为旗下虚拟数字人接入 ChatGPT，以提高虚拟数字人的识别能力与内容更新能力。

未来，大模型将发展成为构建虚拟数字人的基础架构，降低虚拟数字人的研发和推广成本，提高虚拟数字人的交互能力。大模型将带动虚拟数字人的发展，

实现虚拟数字人与更多领域的融合。

8.5.2　大模型助力，实现个性化虚拟数字人打造

打造虚拟数字人需要强大的技术支持和资金支持，这使得虚拟数字人领域的玩家往往是拥有先进技术或资金实力雄厚的企业。而大模型能够开放虚拟数字人开发能力，使每一名用户都有可能成为虚拟数字人的开发者。在大模型的支持下，用户能够根据自己的需求，打造出个性化的虚拟数字人。

2023 年 7 月，"华为开发者大会"成功召开。基于盘古大模型，华为云推出了虚拟数字人模型生成服务和模型驱动服务，以实现虚拟数字人技术赋能，让更多用户打造虚拟数字人成为现实。

基于盘古大模型、渲染引擎、实时音视频等技术，华为云打造了虚拟数字人通用大模型，可以实现虚拟数字人形象、动作、表情、声音等多模态生成。用户可以基于个人数据进行训练，打造个性化的虚拟数字人大模型。生成虚拟数字人后，用户可以基于虚拟数字人生成高清视频。

虚拟数字人通用大模型支持用户以多种形式生成个性化的虚拟数字人，具体形式有以下几种。

（1）文本生成虚拟数字人。用户可以输入文本，描述虚拟数字人的外表和性格特征，进而生成虚拟数字人。

（2）图片生成虚拟数字人。用户只需上传一张图片，大模型就能够根据图片中的人物特征生成虚拟数字人。

（3）视频生成虚拟数字人。用户只需要上传一段 5 分钟左右的视频，大模型便能够根据视频生成虚拟数字人，同时能够展现出视频中人物的表情、动作等特征。

生成个性化的虚拟数字人后，用户可以对其进行二次编辑，调整虚拟数字人的发型、服装等，让虚拟数字人更具个性化特点。

此外，在虚拟数字人驱动方面，华为云模型驱动服务可以实现多模态的数字人实时驱动，例如，实现虚拟数字人走姿、手势等的精准驱动。这种多模态实时驱动服务可以应用到直播、线上会议等诸多场景中。

例如，出于不愿暴露隐私、面对镜头不自然等原因，一些人不愿意参加视频会议。而使用虚拟数字人参加视频会议则能够解决以上问题。虚拟数字人的形象既能够体现参会者形象，又能够保护参会者隐私。同时，虚拟数字人参加会议也能够保证视频流畅度，带给用户优质的线上会议体验。

基于大模型的赋能，每个用户都可以借助大模型的虚拟数字人开发能力，打造个性化的虚拟数字人，并应用到多种场景中，获得多样化、贴心的服务。

8.5.3　元境科技：多模态虚拟数字人亮相

2023 年 5 月，"2023 中关村论坛"于北京举办。本届论坛聚焦产业前沿信息，展示人工智能、高端芯片等领域的最新技术和科技成果。

在论坛上，虚拟数字人技术公司元境科技带来了 MetaSurfing- 元享智能云平台、MetaJoy- 元趣 AI 等创新产品，展示了多模态虚拟数字人在导览、主持、智能客服等多个场景的落地应用。

基于元境科技多模态智能算法矩阵、智能交互等技术，MetaJoy- 元趣 AI 数智人可以实现更加智能的互动。其具有理解用户指令的能力，能够根据用户的问题生成个性化的回答。

在论坛上，灵动可爱的虚拟偶像 CiCi（如图 8-4 所示）吸引了不少人前来互动。CiCi 的底层支撑平台是 MetaSurfing- 元享智能云平台。在 MetaSurfing- 元享智能云平台和视觉捕捉实时驱动、动力学多模态解算系统等多项技术的支持下，CiCi 能够与用户自然交互，十分活泼可爱。

图 8-4　虚拟偶像 CiCi

MetaSurfing- 元享智能云平台是元境科技打造的一个 3D 虚拟数字人智能应用平台。基于大模型、SaaS 技术，其可以提供虚拟数字人、数字场景等高精度数字资产服务，简化了虚拟数字人传统建模的烦琐步骤，降低了制作虚拟数字人的门槛。用户通过简单的步骤，即可创建、驱动智能的多模态交互虚拟数字人。

该平台在此次论坛一经亮相，就受到了广泛关注。其生成的虚拟数字人能够达到精致的建模效果，具有自然的表情和肢体动作。凭借多模态、实时跟踪、自然交互等技术以及大模型知识库，该平台生成的虚拟数字人具有更加优秀的交互、表现能力。

正如本届论坛的主题"开放合作，共享未来"，元境科技一直秉持开放合作的理念，致力于构建开放的智能云平台，以创新技术为各行各业赋能。未来，元境科技将提供虚拟数字人一站式解决方案，为企业提供多模态虚拟数字人服务，拓展虚拟数字人的应用维度。

大模型+休闲娱乐:
升级用户娱乐体验

第 9 章

大模型与休闲娱乐相结合，能够为休闲娱乐领域赋能，推动休闲娱乐领域变革。大模型为游戏行业带来多重变革，为影视行业带来发展机遇，赋能音视频制作，全方位重塑用户的娱乐方式，升级用户的娱乐体验。

9.1 大模型下，游戏行业迎来多重变革

游戏行业追求技术、体验等方面的创新，随着大模型的融入，游戏行业将会发生多重变革。大模型能够解放游戏行业生产力，以高质量的游戏为用户带来新奇的体验。大模型能够重塑游戏行业价值分配格局，推动游戏引擎的发展。

9.1.1 大模型解放游戏行业生产力

大模型在自然语言理解和生成方面具有强大的能力，能够赋能游戏行业内容生产，解放游戏行业生产力。OpenAI 推出了一系列大模型和基于 GPT-3.5 大模型的聊天机器人 ChatGPT，为游戏行业的变革带来了可能。下文将从 ChatGPT 的角度出发，说明大模型如何解放游戏行业生产力。

GPT-3.5 是一种以 Transformer 模型为基础的大模型，主要通过预训练和微调两个阶段学习自然语言。ChatGPT 能够与用户自然地交流、编写代码、撰写文章、续写故事等。ChatGPT 展现了大模型在自然语言处理方面的潜力，能够赋能游戏行业，解放游戏行业生产力。

以 ChatGPT 为代表的大模型能够给游戏行业带来以下三重价值。

（1）以 ChatGPT 为代表的大模型能够提高游戏的沉浸感与交互性。搭载大模型的游戏 NPC 可以生成自然对话，与用户进行更加流畅的交流，增强游戏的互动性与故事性。根据用户的游戏数据，大模型能够对游戏剧情和难度进行动态调整，为用户提供更加个性化的游戏体验。

例如，战争沙盒游戏《骑马与砍杀 2：霸主》引入 ChatGPT 作为 MOD（Modification，修改）模组，使游戏 NPC"活"了过来。游戏 NPC 颠覆了传统的聊天方式，能够对用户输入的文字给予实时反馈，和用户进行交互式对话。同时，NPC 还能够依照自身的人设，向用户讲述自己知道的事情。用户可以和

NPC 谈判道具的价格、了解制造道具耗费的材料等，提升了游戏的趣味性。

（2）以 ChatGPT 为代表的大模型能够降低游戏的开发成本与门槛。游戏开发者可以利用大模型生成文本、音频和图像，缩短开发时间，提升开发效率与质量。大模型还可以输出代码，帮助没有编程经验的用户开发游戏。例如，一些用户使用 ChatGPT 创建、调试和重构游戏脚本，游戏开发难度降低。

（3）以 ChatGPT 为代表的大模型能够生成游戏创意。大模型可以输出更多游戏创意，打破固有的游戏思维，为游戏开发者提供更多灵感。同时，大模型能够生成更多创意玩法，满足用户的多种需求。例如，*AI Dungeon* 是一款文字冒险游戏，具有极高的自由度。用户可以输入文字构建自己想要的角色与情节，然后利用大模型生成一个完整的游戏，充分释放创造力。

虽然大模型在游戏开发方面具有许多优势，但也存在一些风险与挑战，如图 9-1 所示。

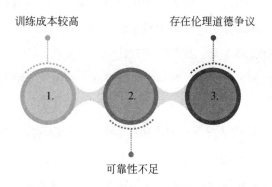

图 9-1　大模型存在的风险与挑战

（1）训练成本较高。企业需要拥有极高的算力与大量数据资源才能够训练出一个参数达到百亿级别的大模型，而大部分企业不具备这种实力。即便企业对预训练的模型进行微调，也需要一定的专业知识与投入。同时，大模型还会消耗许多计算资源与网络带宽，可能会影响游戏性能与用户体验。

（2）可靠性不足。用于大模型训练的数据来源广泛，可能存在一些错误或有害的数据。例如，大模型在输出内容时可能会出现语言、逻辑等方面的错误；在生成情节时可能会不连贯、不合理、前后矛盾等。

（3）存在伦理道德争议。一些开发者在训练大模型时没有设定统一的世界观和价值观，因此，大模型可能会输出一些违背伦理道德的内容。例如，在与用户对话时，大模型可能会生成诱导性、欺骗用户的内容；大模型生成的故事中可能包含一些不良的信息。

总之，大模型与游戏行业结合，能够解放游戏行业的生产力，提高用户的游戏体验，开辟更多新奇的玩法。

9.1.2 大模型支撑下的游戏引擎迎来发展

大模型在 AI 行业的应用方向主要有两个：一个是将 AI 应用于 NPC 开发；另一个是实现游戏引擎 AI 辅助工具落地。

2023 年 6 月，Unity 中国对外宣布要创建具有创新性的生成式 AI 引擎——U3D Copilot。2004 年，三名有理想的青年共同研发了一款名为 *GooBall* 的游戏，Unity 引擎自此诞生。经过了多年的发展，Unity 成为著名的 3D 内容创作引擎。Unity 是十分成功的商业化游戏引擎，基于其开发的游戏有《王者荣耀》《明日方舟》《永劫无间》等。如果将游戏比作一栋楼房，那么 Unity 引擎便是建造楼房的工具。Unity 引擎既能为游戏提供画面、图像，又能为游戏设定基础规则与交互方式。

在没有游戏引擎的情况下，游戏开发者需要手动编写所有代码。但是，在基础的游戏规则、场景设置和角色交互等方面，即便是不同的游戏，也会存在一些相似之处，其对应的代码是重复的。这种重复性的代码会增加游戏开发者的工作量，而游戏引擎能够解决重复编写代码的问题。

游戏引擎能够将重复的代码模块化，开发者敲代码就变成了"组合模块"的过程。这样能够减少许多重复的工作，有助于提高游戏开发效率。Unity 中国推出的 U3D Copilot 便是将 AI 能力与游戏引擎相结合，以进一步提升游戏开发效率。

在大模型发展火热的当下，许多企业都在思考如何将大模型与 AI 相结合。Unity 中国从游戏引擎入手，引领游戏开发方式变革。

Copilot AI 是 AI 辅助工具的代称，Unity 中国希望打造一个大模型和用户交互的界面，并借助该界面整合 3D AIGC 模型。同时，Unity 中国探索如何在不侵犯用户个人隐私的情况下在本地部署引擎，并接入 U3D Copilot。虽然 Unity 中国团队并没有过多透露其计划，但是仍引发了热议。

在游戏引擎 AI 辅助工具方面，AI 生成 2D 图像技术已经成熟。Unity 旗下的 Unity ArtEngine 是一个为艺术创作者打造的 AI 辅助工具，能够以 API（Application Programming Interface，应用程序编程接口）的方式连接外部的 AI 图片生成工具，然后利用 AI 图片生成工具制作图片。

当前，用户对游戏的要求越来越高，更加追求逼真、沉浸式的体验，游戏对 3D 图像的需求激增。但是 3D 生成式 AI 存在三个技术难点，如图 9-2 所示。

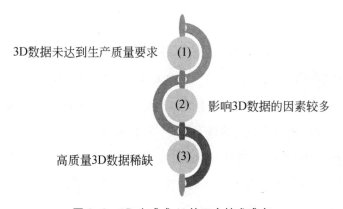

图 9-2　3D 生成式 AI 的三个技术难点

（1）3D 数据未达到生产质量要求。虽然 3D 的数据表示有非常多的选择，如体素、点云、Mesh 和隐式场等，但是这些数据都没有达到生产质量的要求。

（2）影响 3D 数据的因素较多。3D 数据在引擎里的渲染效果不仅与大模型的功能有关，还与贴图、材质、光照等因素有关。

（3）高质量 3D 数据稀缺。3D 数据稀缺，数据量较少，无法达到训练标准。

3D 生成式 AI 的技术难点不仅提升了游戏开发的难度，还给其他生成式 AI 工具的开发带来了挑战。目前，Unity 引擎的应用界面相对复杂，缺乏智能性。相信在未来，Unity 中国能够将自己的设想一一实现，到那时，Unity 引擎的能力将更加强大。

9.1.3　英伟达：为游戏开发者打造定制化 AI 模型

2023 年 5 月，人工智能企业英伟达宣布将为游戏开发者提供定制 AI 模型代工服务——Avatar Cloud Engine (ACE) for Games。游戏开发者可以利用该服务在软件和游戏中创建定制化的语音、对话和动画 AI 模型，并且该 AI 模型能够在云端和 PC 端运行。

3D 内容生产的资源消耗量巨大，而算力优化可以节约资源、降低成本。例如，KIRI Innovations 是一个 3D 应用开发商，旗下拥有一个名为 KIRI Engine 的 3D 重建引擎，能够以前沿技术实现 3D 内容创作。用户可以通过手机中的照片或视频生成超写实 3D 模型，用于 VR 场景、3D 游戏等 3D 内容制作中。KIRI Engine 一上线便大受欢迎，用户数量持续增加，十分火热。

基于神经网络重建算法，KIRI Engine 能够根据多个角度的照片或者视频生成具有纹理材质信息的超写实 3D 模型。神经网络重建算法计算量庞大，如果使用传统解决方案，那么将会消耗许多算力资源和成本。

KIRI Innovations 公司经过多重考虑选择了英伟达的产品。这是因为英伟达的产品能够满足其技术需求，能够为 KIRI Engine 提供稳定的算力支撑，减少 3D 模型生成对算力资源和成本的消耗。

在游戏开发方面，英伟达推出了以下几款产品。

（1）NVIDIA CUDA。NVIDIA CUDA 可以缩短计算时间、降低计算成本。KIRI Engine 能够通过 NVIDIA CUDA 并行计算工具加速计算，实现低成本、高效率的运行。一般情况下，3D 重建算法的运行需要 20 分钟以上，而有了 NVIDIA CUDA 的助力，KIRI Engine 运行 3D 重建算法仅需要 5 分钟。

（2）NVIDIA V100。NVIDIA V100 能够缩短训练时间。NVIDIA V100 能够配合 KIRI Engine 完成复杂的神经网络模型训练，并应用于 3D 重建中。神经网络模型训练需要花费几个小时，但在 NVIDIA V100 的助力下，KIRI Engine 仅需 25 分钟便可完成 3D 重建。

（3）NVIDIA T4 GPU。NVIDIA T4 GPU 具有低时延、高吞吐量的优点，能够在云端进行计算，完成推理任务，因此能够满足更多的计算需求。

KIRI Engine 搭载了 NVIDIA V100 和 NVIDIA T4 GPU，NVIDIA V100 主要负责对复杂的神经网络进行训练；NVIDIA T4 GPU 主要负责进行模型推理。NVIDIA T4 GPU 能够完成简单的图像处理、匹配计算等任务，依赖于 NVIDIA CUDA 的加速，计算成本大幅度降低。

KIRI Engine 的价值在于能够以更低的成本为开发者提供 3D 重建工具，并且能够基于快速增长的用户在云端积累海量的 3D 数据集。

游戏、VR 等领域对 3D 内容的需求量较大，如果 3D 内容的制作成本降低，那么游戏开发者可以高效、高质量地完成内容创作，提高产能。

英伟达还能够助力 KIRI Engine 用户增长。KIRI Engine 每天都需要完成上千个 3D 模型生成任务，因此，对算力的需求很大。而英伟达的产品能够帮助 KIRI Engine 解决算力问题。同时，NVIDIA CUDA 与 3D 重建算法相结合，能够提高 KIRI Engine 的运行速度，降低成本，使 KIRI Engine 有能力满足用户的增长需求。

除了上述产品外，英伟达还提供许多生成式 AI 工具，帮助游戏开发者提高开发效率。在内容产出方面，英伟达为游戏开发者提供代码生成、图像生成、视频生成等工具；在内容合规方面，英伟达推出了 NeMo Guardrails 开源软件，以保证信息安全，如过滤掉有害信息、避免智能客服回答不该回答的问题等；在模型开发方面，英伟达推出了企业级大模型云服务。

随着 AI 芯片不断发展，基于大模型的生成式 AI 的落地速度会加快。英伟达能够为游戏开发者提供算力支持，进一步提高游戏开发效率。

 9.2 大模型给影视行业带来发展机遇

大模型与影视行业的结合，给影视行业带来许多发展机遇。3D 模型能够助力影视内容生产，激发影视行业的活力。百度作为科技创新的领头羊，率先发布了影视行业智感超清大模型"电影频道－百度·文心"，为大模型在影视行业的

发展打开了全新的空间。

9.2.1　3D 模型助力影视内容生产

随着 ChatGPT 商业化场景逐渐增多，大模型的应用范围进一步扩大，3D 模型由传统广告行业向影视行业扩展。3D 模型能够激发影视行业的活力，助力影视内容生产。

近年来，人工智能发展迅速，诞生了许多超乎用户想象的技术。《复仇者联盟》的导演曾经预言，影视行业将出现由 AI 制作的电影。

在影视内容生产方面，后期特效和剪辑备受重视。而 AI 技术能够在建模与视觉特效方面提供助力。如果影视剧的后期制作由 AI 完成，那么电影的制作门槛将会大幅降低。

影视行业以内容为核心，而生成式 AI 所带来的全新内容生产模式以及智能交互模式，能够对影视内容生产产生影响。AI 赋能影视行业，能够缩短内容创作周期、降低内容创作门槛、提升内容创作效率和内容质量。

在提升内容质量方面，许多企业积极探索。例如，人工智能企业 OpenAI 推出了能够根据文字提示或图片提示生成 3D 模型的 Shap-E 大模型。在 3D 建模领域，Shap-E 是一项颠覆性技术，能够处理复杂和精细的描述，快速创建 3D 模型，节约更多的时间和资源。在创建 3D 模型的过程中，Shap-E 能够减少人力成本并简化工作流程。

3D 模型能够助力影视内容生产，在影视行业的发展前景广阔。相关企业应该积极推动产品落地，完善相关技术，促进技术与行业的融合发展。

9.2.2　百度首发大模型"电影频道 – 百度·文心"

影视作品展现了时代的变迁与技术的进步。随着科技不断发展，影视作品的色彩更加艳丽、分辨率更加清晰，许多老旧影片得到翻新，在新时代焕发生机和活力。

老旧影片具有画质低下、模糊、重影等问题，需要人工手动逐帧修复，耗时耗力。而 AI 技术能够应用于老旧影片修复中，提高了影片修复的质量和效率。

百度作为国内大模型行业的领军企业，与电影频道节目制作中心（以下简称"电影频道"）联合发布了首个影视行业智感超清大模型——"电影频道－百度·文心"。"电影频道－百度·文心"能够同时完成多个影片修复任务，全面提升影片修复的效率，为用户带来震撼的观影体验。

电影频道一直致力于将 AI 技术与影片修复相结合，丰富其视频内容。电影频道旗下的频道，如 CCTV-6、高清频道等，都以播放电影为主。电影频道拥有上万部电影资源，但是其中有很多都是利用胶片拍摄的。虽然许多老旧影片以数字化的方式被保存了下来，但是原始胶片损坏，对影片画质造成了影响。此外，用户对高清视频和高质量影片的需求爆发，承载了时代记忆的老旧影片亟待被修复。

"电影频道－百度·文心"大模型的工作效率极高，每天的影片修复量达28.5 万帧，解决了大部分画面修复问题。即便有一些影片需要进一步修复，修复速度也比人工手动修复提高了 3 ～ 4 倍。

在影视内容创作中，"电影频道－百度·文心"大模型也发挥了重要作用。"电影频道－百度·文心"大模型以增强影片的画面色彩和提高清晰度实现老旧影片超清化，实现 SDR（Standard-Dynamic Range，标准动态范围图像）转为 HDR（High-Dynamic Range，高动态范围图像）。"电影频道－百度·文心"大模型能够提升老旧电影的画质，使老旧影片在新时代焕发生机，满足用户日益增长的观影需求。

"电影频道－百度·文心"大模型基于 AI 技术并结合电影频道的影片修复经验进行训练，能够对多种损坏类型的影片进行修复。"电影频道－百度·文心"大模型能够以画质提升、边缘锐化等方式提升影片的清晰度，以达到全方位修复影片的效果。

未来，百度将以自主研发的昆仑芯片与深度学习平台"飞桨"提升影片修复效率，以文心大模型的泛化能力加快 AI 修复在影视行业的落地。

9.3 大模型赋能音视频制作

大模型能够对音视频制作产生影响，释放 AI 音乐生产力，实现文本转视频和数字人视频生成。例如，腾讯音乐以大模型为切入点，在音乐领域持续探索；阿里云智能推出音视频 AI 助手"通义听悟"，给用户带来全新的音频和视频体验。

9.3.1 大模型释放 AI 音乐生产力

计算机音乐具有很强的专业性，获取结构化数据的难度相对较大，因此发展速度缓慢。而大模型的发展带动了 AI 发展，AI 硬件以及基础设施都获得了快速发展，AI 音乐迎来了新的发展机遇。

（1）硬件升级推动 AI 音乐发展。基于深度学习的音乐生成技术已经获得了初步的发展，主流模型有 VAEs、GANs 等。许多知名企业都积极参与 AI 音乐生态建设，包括以索尼为代表的科技企业、以 Spotify 为代表的流媒体平台和一些 AI 音乐初创企业等。2022 年以来，大模型的发展推动 AI 基础设施不断完善，许多企业开始尝试利用大模型生成音乐。

例如，谷歌利用 NLP 生成方式对音乐生成模型进行训练，推出了 AI 音乐生成模型 MusicLM。AI 音乐的创作相对复杂，需要音色、音调、音律等元素相互作用，没有经验的用户利用 AI 模型进行音乐创作并不是一件容易的事。

在谷歌推出 MusicLM 之前，OpenAI 推出的音乐生成软件 Jukebox 已经能够生成音频。但 Jukebox 只能够创作出相对简单的音乐，无法创作出高质量、复杂的音乐。如果想要实现真正意义上的音乐生成，就需要利用大量的数据对大模型进行训练。而 MusicLM 能够利用大量的数据进行训练，创作出复杂的音乐。

用户只需要在 MusicLM 中输入文字要求，其便可以自动生成曲风丰富的音乐。MusicLM 还能够通过图像生成音乐，《星空》《格尔尼卡》《呐喊》等著名画作都可以作为生成音乐的素材，实现了 AI 音乐生成领域的重大突破。MusicLM 还能够依据用户提供的抽象概念生成音乐。例如，用户想要为一款战略型游戏配一段音乐，可以输入自己的要求"为战略型游戏配乐，节奏紧凑"，MusicLM 便可根据用户的要求生成音乐。

随着算力不断升级迭代，大模型的发展空间更大，能够促进 AI 音乐的发展，释放 AI 音乐生产力。

（2）版权方介入，有利于解决版权音乐资源封闭与分散的问题。如今，音乐市场对音乐版权的管控十分严格，大部分音乐版权都掌握在头部企业手中。从互联网中获取的音频，往往会丢失大量创作细节，难以实现结构化的再生成，因此，主流模型使用的大多是公版资源。

环球音乐、华纳音乐等老牌唱片企业积极投资 AI 音乐初创企业。这能够释放更多商业 AI 数据资源，带动数据标注行业的发展，提升模型训练的精度和效率。在国内，已经有许多企业都提供音乐数据服务，如海天瑞声、慧听科技等。

总之，大模型与音乐行业的结合能够释放 AI 音乐生产力，为用户带来高质量、类型丰富的音乐。

9.3.2　大模型实现文本转视频和数字人视频生成

互联网的不断发展使得视频成为用户交流、品牌营销的一种重要形式。但无论是短视频创作还是视频直播，都需要策划、拍摄和剪辑，消耗许多时间与精力。大模型与视频行业的融合，能够在提高视频质量的同时降低视频制作成本，实现文本转视频和数字人视频生成。

在文本转视频方面，科技企业 Meta 发布了一款名为 Make-A-Video 的AI 模型，可以将输入的文字转化为短视频。Make-A-Video 可以根据用户输入的词语，生成一个 5 秒左右的短视频。虽然生成的视频不够精良，但这是 AI 生成技术的一大进步。

文本转视频对模型的要求很高，模型需要具备强大的计算能力，还需要基于数百万张图像进行训练。这意味着，只有一些有能力的大型科技企业才能够研发出文本转视频模型。

为了训练 Make-A-Video，Meta 使用了三个开源图像和视频数据集的数据。Make-A-Video 使用了文本转图像数据集标记静态图的方法学习实物的名称和外形，并学习实物如何移动。这可以帮助 Make-A-Video 进行大规模的视频生成。

Meta 认为，文字转视频技术能够为创作者带来全新的发展机会，但同时也会给不法分子可乘之机。Make-A-Video 可能会被用于制作假视频，从而欺骗用户。虽然 Make-A-Video 的开发人员对训练数据进行了筛选，但数据集过于庞大，开发人员几乎不可能完全删除有害内容，只能尽力降低风险。

在数字人视频生成方面，商汤科技推出了"日日新 SenseNova"大模型体系，并基于该大模型体系推出了"商汤如影 SenseAvatar"AI 数字人视频生成平台。该平台使用了多种技术，包括 AI 文生图、大语言模型、数字人视频生成算法等，能够实现高效、快速的数字人视频内容创作。

"商汤如影 SenseAvatar"能够帮助企业与个人进行短视频与直播内容创作，有利于吸引用户和增强用户黏性。"商汤如影 SenseAvatar"操作简便，如果用户想要生成数字人，只需要在平台上录入真人素材，便能够生成对应的数字人，有效提升了视频制作效率。

"商汤如影 SenseAvatar"是大模型与大算力的结合体，能够生成逼真、制作精良的数字人。"商汤如影 SenseAvatar"能够在商汤"日日新 SenseNova"大模型体系和 AI 大装置 SenseCore 的助力下实现生成效果与效率的突破，引领行业发展。

基于商汤"日日新 SenseNova"大模型体系强大的数据学习能力，"商汤如影 SenseAvatar"能够实现出色的生成效果。"商汤如影 SenseAvatar"基于大量的真人数据进行训练，能够生成外貌真实、动作自然的数字人。基于商汤"日日新 SenseNova"大模型体系强大的泛化能力，"商汤如影 SenseAvatar"可以生成多种类型、多种风格、支持多种语言的数字人。

"商汤如影 SenseAvatar"以全自动化的视频生成流程和强大的算力实现了高效的内容生成。"商汤如影 SenseAvatar"通过视频上传到视频产出这一系列的自动化视频生成流程，节约了大量的人工处理时间和模型训练时间。

"商汤如影 SenseAvatar"可以生成 2D 数字人和 3D 数字人。在 2D 数字人打造方面，用户提供一段简短的视频素材，该平台便可以根据这段视频生成一个 2D 数字人。为了赋能用户创作视频，该平台还具备文生文、文生视频等功能，能够以文字驱动实现视频内容创作。

用户只需要在对话框中输入想法，该平台便可生成合适的视频文案。此外，该平台还提供创作素材供用户选择。如果用户对平台提供的素材不满意，可以自己上传素材，或者利用平台的文字生成图片能力生成素材，用于视频创作。

3D 数字人往往用于打造虚拟主播或者虚拟 IP，应用场景更加广泛，制作成本也更高。想要实现 3D 数字人与用户交互，3D 数字人不仅需要具备语言功能，还要有灵活的动作，以增强表现力与感染力。

为了使 3D 数字人的动作更加灵活，"商汤如影 SenseAvatar"打造了一套多模态动作生成解决方案，仅根据文字和声音韵律便可以生成风格多样的表情与动作。此外，"商汤如影 SenseAvatar"借助商汤大模型优化了直播带货场景。3D 数字人可以根据产品的特色生成具有针对性的带货文案，并配合多种动作、声音等，场景适应性进一步增强。在直播过程中，3D 数字人还能够与用户交互，包括产品整理、粉丝互动和问题解答等，全方位触达用户。

目前，"商汤如影 SenseAvatar"已经与多家企业达成了合作，以数字人赋能各行各业，解放更多生产力。

9.3.3 腾讯音乐：加强大模型在音乐领域的探索

AI 在音乐创作领域的应用潜力较大，能够迅速生成各种类型的音乐作品，满足用户的要求。AI 还能够为音乐创作者提供灵感与创作工具，赋能音乐创作。在推动 AI 在音乐创作领域的应用方面，腾讯音乐旗下的天琴实验室发布了开源大模型，推动 AI 与音乐的融合，助推音乐产业释放生产力。

与 AIGC 相关的技术与应用热度很高，但是其落地的条件还未成熟。为了推动 AIGC 相关技术与应用在文本、图像、音频、视频等领域落地，进一步解放生产力，腾讯音乐成立了包括天琴实验室在内的多个专业技术过硬的研究团队。

腾讯音乐以"TME Studio 音乐创作助手"与"音色制作人"两款产品推动了大模型与音乐领域的融合发展。"TME Studio 音乐创作助手"是腾讯音乐推出的一款辅助创作工具，其主创团队十分强大，包括 MUSE、腾讯 AI Lab、天琴实验室等。"TME Studio 音乐创作助手"主要有四个功能，分别是音乐分离、MIR 计算、辅助写词和智能曲谱。

音乐分离能够分别提取音乐中的人声以及鼓声、钢琴声等乐器声。MIR 计算能够基于对音乐内容的理解与分析，识别音乐中的各种要素，包括节奏、节拍、鼓点等。该功能能够挖掘音乐中的深层信息，使 AI 更加了解用户。辅助写词是一款作词工具，能够通过多种语料素材帮助用户找到合适的词汇，为用户提供创作灵感。智能曲谱能够为歌曲生成其他曲谱。用户只需要上传音乐，"TME Studio 音乐创作助手"便可以为其生成曲谱。"TME Studio 音乐创作助手"将提供更多音频创作工具，为用户提供更多便利。

腾讯音乐借助旗下音乐应用酷狗音乐推出了音色制作人产品，为音乐领域注入了全新活力。音色制作人的使用十分简单，用户输入声音，制作人便会对用户的声音进行学习，并借助 AI 生成专属的音色，进行歌曲制作。用户还可以调整生成的歌曲的参数，使歌曲更加动听。

音色制作人还能够实现 AI 跨语种制作歌曲。用户用自己不熟悉的方言演唱歌曲需要反复练习，但是音色制作人的 AI 粤语歌曲玩法能够使用户快速掌握粤语。用户可以按照软件的提示录入用普通话演唱的歌曲，便于软件收集自己的音色。之后，用户可以选择喜欢的粤语歌曲并进行合成，一首由用户"演唱"的粤语歌曲便制作完成了。

AI 唱粤语歌的功能由凌音引擎提供技术支持。凌音引擎采用了深度神经网络模型，对多位歌手的发音特点进行了学习，使不会粤语的用户也可以演唱粤语歌曲。

音色制作人不断在玩法上进行创新，使许多用户享受到了科技带来的乐趣。腾讯音乐借助"TME Studio 音乐创作助手"与音色制作人两款产品，强化了自身在音乐领域的优势，利用大模型探索出了一条适合自己的发展道路。

对于音乐创作者来说，搭载大模型的 AI 应用可以提升创作效率。一首音乐的产出过程十分复杂，除了创作外，还需要拍摄 MV、进行宣传推广等。而"TME Studio 音乐创作助手"能够简化音乐生产过程，提高音乐创作者的工作效率，降低生产成本。

搭载大模型的 AI 应用能够为用户带来更多新奇的音乐体验。音色制作人功能丰富且具有新意，能够激发用户的好奇心，留存大量用户。音色制作人具有极强的共创性与交互性，能够为用户提供更多价值。

腾讯音乐在大模型领域不断探索，旗下天琴实验室推出了 MUSE Light 大模型推理加速引擎，并发布了 lyraSD、lyraChatGLM、lyraBELLE 三个开源大模型的加速版本，能够帮助开发者缩短开发时间、降低开发成本，助力音乐应用的研发。

此外，腾讯音乐还申请注册了"文曲大模型"商标，这标志着 AI 音乐创作进入新纪元。文曲大模型是一种基于 AI 技术的音乐生成系统，能够通过学习大量的音乐作品与音乐理论知识，对人类创作音乐的过程进行模拟，从而创作出优秀的音乐作品。

腾讯音乐申请注册"文曲大模型"商标的举动，为 AI 生成音乐提供了更加广阔的发展空间。但是，AI 生成音乐在发展的过程中也面临一些挑战。音乐作为一门艺术，蕴含着情感，能够引起用户的共鸣，然而 AI 能否理解人类的情感还存在一些争议。

AI 生成音乐技术能够对音乐产业产生深远影响。在 AI 的助力下，音乐创作者能够利用 AI 生成音乐应用获得许多创作素材，加快音乐创作的速度；能够更具创造性地进行音乐创作与自我表达。

AI 合成音乐为音乐产业带来更多商业机会。音乐平台和制作公司能够利用 AI 技术生成多样化的音乐作品，满足用户的多种需求。AI 生成的音乐能够应用于广告、游戏等行业，为行业赋能。

腾讯音乐是我国的头部音乐平台之一，具有前瞻性的战略眼光。其申请注册"文曲大模型"商标，展现了其希望通过 AI 技术的应用，为用户带来丰富、多样化的音乐体验的美好愿景。在文曲大模型的助力下，音乐创作者将拥有更加丰富的创作工具，共同开启全新的音乐时代。

9.3.4　通义听悟：带来全新音频、视频体验

2023 年 6 月，阿里云智能发布了基于"通义千问"大模型与音视频 AI 大

模型的 AI 助手——"通义听悟"。通义听悟的应用场景十分广泛，包括会议讨论、教育培训和视频观看等。

通义听悟具备通义千问大模型的理解与摘要能力，能够成为用户生活和学习中的帮手。通义听悟还具有先进的语音和语言技术，能够实现对音视频内容的检索、整理，帮助用户书写笔记、进行访谈和制作 PPT 等。

阿里云智能官方在发布会上演示了通义听悟的使用方法。通义听悟具备多项十分强大的 AI 功能。在会议场景中，通义听悟可以生成会议记录，对发言的用户进行区分。通义听悟的理解能力强大，能够为音视频划分章节、总结每位发言人的观点并形成摘要、对重点内容进行整理等。

通义听悟能够应用于多个场景，包括会议、采访、课堂等，其核心能力主要有以下几个。

（1）实时语音转写，生成智能记录。通义听悟能够实时记录内容，对内容进行整理，实现音频、文本同步输出。同时，通义听悟具有关键字句检索功能，能够突出显示核心内容，帮助用户把握会话重点。

（2）文件转写，节约用户时间。通义听悟能够与阿里云盘互通，在短时间内实现音视频文件转写。转写结果会保存在"我的记录"中，方便用户随时回顾，节约用户时间。

（3）实时翻译，打破语言壁垒。通义听悟能够对发言内容进行实时翻译，支持中英互译，实现无障碍沟通。

（4）快速标记重点，使内容简洁明了。通义听悟能够对内容的重点和待办事项等进行标记，使用户回顾整理时更加清晰明了。

（5）支持内容一键导出。用户可以从通义听悟中一键导出所需内容，包括音视频、笔记等。同时，通义听悟支持导入多种格式的文档，包括 Word、PDF 等。

通义听悟作为"通义家族"的新成员，旨在为用户带来全新的音视频体验。用户可以通过完成每日任务来获得免费使用时长。通义听悟将成为用户的 AI 助手，为用户带来个性化、优质的智能服务。通义听悟的小程序版本将在钉钉、阿里云盘等产品中上线，与这些产品的内部使用场景相融合，为用户带来全新体验。

大模型+生产制造：
工业领域智能化程度加深

第 10 章

随着大模型的发展和应用，许多制造企业借助大模型优化生产计划、管理生产流程，以提高工业生产的质量和效率。大模型可以融入生产制造的多个场景、多个环节中，变革生产制造全流程，提升生产制造的自动化水平。

10.1　通用大模型与工业大模型

随着大模型的发展，其已经从通用大模型拓展到工业大模型。相较于通用大模型，工业大模型拥有更强目的性、更具针对性的模型能力，能够融入生产制造的多个环节，帮助制造企业实现降本增效。

10.1.1　通用大模型走向工业大模型

为了在更多领域落地，大模型逐步走向细分。以工业领域为例，不少通用大模型都推出了行业大模型服务，支持企业借助通用大模型打造工业大模型。同时，一些科技公司、制造企业也推出了工业大模型，助推大模型在工业领域更好地落地。

工业大模型和通用大模型的区别表现在以下几个方面。

（1）在数据预处理方面，通用大模型通常采用通用的方法和流程。但在生产制造场景中，数据的质量、特征等对模型的性能有很大的影响。因此，工业大模型的构建需要针对生产制造场景进行定制化的数据预处理。

（2）在模型训练方面，通用大模型基于大规模的标记数据进行训练，同时需要高性能计算设备的支持。而生产制造场景中可标记的数据有限，且数据更新较快，因此，工业大模型需要通过在线学习和增量训练的方法，适应数据更新的速度。

（3）在部署方面，通用大模型的部署往往是离线的，而工业大模型需要迅速响应实时请求，并具备较强的并发处理能力。因此，工业大模型的部署需要考虑模型的轻量化、时效性。

不同于通用大模型，工业大模型需要充分考虑生产制造场景的特殊需求，并提供相应的解决问题的能力。通过定制化的数据预处理、增量训练、高效部署等，工业大模型可以帮助制造企业提升效益，形成竞争优势。工业大模型将推动工业领域智能化发展。

当前，工业大模型处于快速发展中，具有光明的前景。工业大模型的发展主要呈现以下几种趋势。

（1）模型规模增长。随着计算能力提升和可用数据增多，工业大模型的规模将持续增长。未来，更加复杂、规模更加庞大的工业大模型将出现，将具备更强大的学习能力和多样化的功能。

（2）跨模态学习。未来，工业大模型将涉及更多模态的数据，包括文本、图像、语音等。基于对多模态数据的学习和推理，工业大模型将具备更强大的理解能力和决策能力。例如，在工业生产中，工业大模型可以处理自然语言描述、图像数据、传感器数据，自动化程度更高。

（3）多模型协同。未来，单一的工业大模型可能难以满足生产制造的所有需求，因此，多模型协同将成为工业大模型的发展趋势。多个工业大模型集成为一个整体，其中的每个工业大模型都可以发挥优势，使工业应用具备更加强大的预测和决策能力。

（4）智能性和自适应性。未来，工业大模型将变得更加智能，具备更强的自适应性，可以基于不同场景的不同需求自动调整参数、数据处理流程、推理策略等，以应对不断变化的需求。

随着工业大模型的发展，其将以更加智能的功能赋能生产制造，提升制造企业的决策效率、生产流程的自动化程度，助力企业降本增效。

10.1.2 工业大模型破解工业生产多种发展瓶颈

当前，工业生产中存在许多问题，如在生产前制订的生产计划不能够满足市场需求变化的需要、生产过程中存在各种各样的风险、难以有效控制生产成本、产品的质量难以保证等。

而工业大模型在工业生产中的应用，能够破解这些瓶颈，实现智能生产。工业大模型在生产制造中的优势表现在以下几个方面，如图 10-1 所示。

1. 优化生产计划

2. 监控生产过程

3. 控制生产成本

4. 实现智能制造

图 10-1 工业大模型在生产制造中的优势

1. 优化生产计划

一般而言，制造企业需要根据自身资源情况、市场需求等制订合理的生产计划。但由于经验、数据分析能力的限制，制造企业制订的生产计划难以应对生产过程中的变化以及多样化的生产需求。而工业大模型可以基于海量数据和算法模型，对订单量、库存量、时间要求、设备利用情况等数据进行综合分析，制订合理的生产计划，提高生产效率和资源利用率。

2. 监控生产过程

工业生产过程中会产生大量数据，传统的管理办法难以实现对生产过程的实时管理和对生产数据的实时监测。而工业大模型可以通过传感技术、数据分析等，实现对生产过程的实时监控，帮助企业及时发现并解决问题，提高生产效率和产品质量。例如，工业大模型可以实现对设备运行状况、原材料消耗、生产线产能等因素的监测，及时发现生产中的异常情况，保证生产效率。

3. 控制生产成本

生产成本高是很多制造企业面临的一个难题。工业大模型能够基于成本控制策略，全面优化生产过程，降低生产成本，提高企业收益。例如，工业大模型能够对生产材料、能源、人工等因素进行分析，达到充分利用各种资源、降低生产成本的目的。

4. 实现智能制造

工业大模型能够帮助企业实现智能制造，推动企业的数字化转型进程。这主要表现在以下两个方面：一方面，工业大模型的应用将给传统的工业垂直系统带来变革，催生根植于平台、以大模型为基础的 MaaS 服务，促进企业智能化变革。例如，工业大模型可以接入企业的业务系统，促进多种业务系统的融合，优化运营管理方案。另一方面，工业大模型的应用解决了传统 AI 模型不能跨领域应用的问题，实现了工业解决方案的复用。基于工业大模型的 MaaS 服务可以在多场景中为企业提供大模型服务。企业可以通过调用相关的 API 和进行有针对性的数据训练，部署个性化的应用。

总之，工业大模型能够以强大的技术能力，破解工业生产中的诸多发展瓶颈。未来，工业大模型将成为推动工业生产变革的重要力量，加速工业生产的智能化转型。

10.1.3　工业大模型底座：为制造企业赋能

工业大模型在生产制造领域有很大的应用价值。当前，已经有一些企业做出了尝试，提供工业大模型基础设施，降低企业开发及应用大模型的难度，助力工业大模型应用、普及。

2023 年 6 月，智能制造与数智创新企业思谋科技发布了工业大模型开发与应用底座 SMore LrMo。SMore LrMo 支持的开发场景涉及应用层、算法框架、基础设施服务等多个方面，具备算力资源调度、数据自动标注、应用开发等能力，覆盖工业大模型开发、应用全流程。

SMore LrMo 是聚焦工业场景的大模型开发与应用底座，能够解决工业场景下数据采集困难、计算集群分布广、大模型构建成本高等痛点。SMore LrMo 的优势表现在以下两个方面。

一方面，SMore LrMo 支持云边端设备接入和海量数据接入，能够对海量工业数据进行高效管理，同时具备分布式数据处理能力，能够处理复杂的数据。此外，SMore LrMo 适配多种神经网络，能够满足企业对数据安全的要求。

另一方面，SMore LrMo 具备很高的通用性和强大的硬件适配能力，支持英特尔与 ARM 架构芯片，以及英伟达、寒武纪等加速卡。基于架构芯片与加速卡，SMore LrMo 适配百余种深度学习模型。在进行 AI 自动化感知调度时，SMore LrMo 可实现 20 个以上集群的管理调度，提高运作效率。

开放平台的核心竞争力主要表现在数据处理能力强、平台易用性高、平台开放性强等方面。而在这几个方面，SMore LrMo 均有不错的表现，这使得其成为当前市面上十分先进的大模型开发平台之一。基于这些优势，思谋科技获得了一批科研院所、科技公司的订单，这推动了 SMore LrMo 的加速落地。

当前，大模型的火热掀起了 AI 发展的浪潮，加速了工业领域智能化变革，助力制造企业重塑生产流程，实现降本增效。而 SMore LrMo 的发布，为大模型在工业领域的应用奠定了基础，使更多企业使用工业大模型成为可能。

10.2 大模型融入生产制造流程

大模型可以融入生产制造流程，优化生产过程，提升生产效率。具体来说，大模型可以助力工业 3D 生成，赋能工业设计；融入生产系统，优化生产计划；推动工业机器人进一步发展。在大模型的助力下，生产制造的自动化、智能化程度将进一步提高。

10.2.1 工业 3D 生成：生成工业模型，赋能工业设计

在生产制造场景中，大模型可以助力工业 3D 生成，智能生成工业模型。这能够减轻工程师进行 3D 建模的负担，提升建模效率。具体而言，大模型能够为工程师提供以下帮助。

（1）提高设计效率。工程师可以在大模型中输入设计草图，生成 3D 模型，或以文本的方式描述对 3D 模型的各种细节要求。大模型能够根据草图或文本信息，生成符合工程师要求的高质量 3D 模型。

（2）提高质量。大模型能够根据工程师提出的细节要求对 3D 模型进行优化，完善 3D 模型的质感、纹理等细节，提高 3D 模型的质量。

（3）创意辅助。大模型能够根据工程师的初步想法生成多种方案，为工程师提供创意辅助，便于工程师获得灵感。

当前，市场中已经出现了一些 3D 模型，为工业 3D 生成奠定了基础。例

如，智源研究院与复旦大学联合推出了形状生成大模型——"Argus-3D"。
Argus-3D 可以通过图片、文字等信息，生成多样化的 3D 模型，如椅子、汽车等，并且可以体现不同的纹理与颜色等，提升工业领域的 3D 建模效率。

通过增加模型参数，Argus-3D 的性能得到了增强。其优势主要体现在以下几个方面，如图 10-2 所示。

图 10-2　Argus-3D 的优势

1. 多样性生成，体现细节

在生成内容多样性方面，Argus-3D 可生成丰富的物体形状。Argus-3D 具有优秀的生成质量表现，能够表现出精确的结构和丰富的细节，满足多样化的任务需求。Argus-3D 能够生成结构完整、轮廓流畅的 3D 模型。以椅子为例，Argus-3D 生成的椅子具有精细的结构，拐角转折关系清晰合理，同时能够清晰展现出椅子的材质。

2. 多模态输入，打破界限

Argus-3D 能够根据文本、图像、类别标签等多模态信息生成 3D 模型。这打破了输入源的限制，支持多模态输入，能够为用户提供更多便利，用户可以自由选择输入方式。同时，Argus-3D 能够根据多模态信息，获得更完整的用户信息，精确识别用户需求，进而生成符合用户需求的 3D 模型。

3. 多模态生成，扩展性强

基于 Transformer 架构，Argus-3D 能够实现多模态生成。以往，3D 模型往往基于扩散模型构建，在生成模型的分辨率上存在缺陷，难以生成具有高分辨率的模型。而 Transformer 架构能够提升大模型的性能，使大模型具备更强的 3D 模型生成能力。基于 Transformer 架构，Argus-3D 具备更强的可扩展性，能够生成更加复杂的 3D 模型。

4. 降低计算难度，提高分辨率

3D 生成模型往往存在分辨率较低的问题，缺乏细节、纹理会影响 3D 模型的真实感。Argus-3D 解决了以上问题。三维数据分辨率越高，需要的存储资源和计算资源就越多。Argus-3D 的研发团队通过三个正交投影的平面表示模型的特征，将复杂的立方计算转变为平方计算，降低了计算难度，提高了 3D 模型的分辨率。

未来，Argus-3D 将在技术迭代下不断升级，同时市场中也会出现更多的 3D 模型。在大模型的支持下，工业 3D 生成将变得更加智能。工程师只需要执行必要的操作步骤，就可以基于大模型快速生成高质量的工业 3D 模型。

10.2.2　融入生产系统：贯穿计划、制造全流程

大模型与生产系统的结合，能够大幅提升生产系统的智能化程度。以下是几个常见的生产系统，可以作为大模型与生产系统融合的切入点。

1.ERP 系统

ERP（Enterprise Resource Planning，企业资源规划）系统是一种企业信息管理系统，可以帮助企业协调各部门的工作，助力企业优化资源配置。在制造企业中，ERP 系统能够在生产计划制订、物料与库存管理、质量管理等方面提供帮助，提升资源利用率。大模型与 ERP 系统集成后，可以根据 ERP 系统中的数据，对生产过程进行智能分析，优化生产流程，减少资源浪费。

2.MES 系统

MES（Manufacturing Execution System，制造执行系统）是对产品制造过程进行实时管理的信息系统，主要应用于生产过程监控和管理。该系统可以监测生产过程中的各项参数，包括设备状态、生产效率、产品质量等。大模型与 MES 系统集成后，可以根据 MES 系统中的数据，对生产过程进行实时监控与智能分析，提高生产效率和生产质量。

3.SCADA 系统

SCADA（Supervisory Control And Data Acquisition，监控和数据采集）系统是一种进行生产监测和生产过程控制的系统。与重视系统性管理的 MES 系统不同，SCADA 系统连接设备层与制造层，通过采集设备数据和监控生产过程，为 MES 系统提供数据参考。

SCADA 系统聚焦设备，收集生产过程中的各种详细数据，如温度、压力等。大模型与 SCADA 系统集成后，能够提升 SCADA 系统的设备实时通信、数据实时记录、异常情况报警、关键信息处理等能力，提升 SCADA 系统的运作效率。

4.QMS 系统

QMS（Quality Management System，质量管理系统）可以对生产环节进行全面的质量管理，如质量控制、质量检测、质量分析等。大模型与 QMS 系统集成后，能够对生产过程进行智能分析，生成质量管理报告并提供科学的改进建议。

总之，大模型与制造企业常用的生产系统结合，能够帮助制造企业实现更加智能的生产管理和质量控制，推动制造企业智能化发展。

10.2.3　工业机器人进一步发展

大模型在自然语言理解、计算机视觉等方面具有优势，不仅能够理解、生成自然语言，与用户进行自然的交互，还能够对图像、视频等进行理解与分析，实现物体识别、目标跟踪等功能。基于此，在大模型的赋能下，工业机器人将实现进一步发展，能够以更高的效率解决更加复杂的问题。

一方面，依托于大模型强大的能力，工业机器人拥有更加智能的人机交互能力，在接受指令、回答问题时更加自然。例如，用户可以通过口头指令指挥工业机器人，工业机器人能够基于大模型很好地理解用户的指令并执行相关操作。

另一方面，大模型能够提高工业机器人的视觉感知能力，工业机器人能够识别和理解周围的环境，并做出科学的运动控制决策。例如，工业机器人可以凭借大模型定位工业零件，并根据指令执行抓取、组装等操作。

大模型与工业机器人的结合为工业机器人的发展带来更多可能性。当前，通用的工业机器人往往只能完成单一任务，如焊接、喷涂等，工作效率不是很高。而有了大模型的助力，工业机器人能够完成多样化、复杂的任务，例如，工业机器人能够同时完成焊接、喷涂、零件组装等多种工作。这能够提升工业机器人的通用性，帮助制造企业节省生产成本。

未来，工业机器人将变得更具智慧性。当前的工业机器人往往四肢发达、头脑简单，而接入大模型的工业机器人在实现四肢发达的同时，将具有智慧的头脑。以往，工业机器人被固定在生产线上，通过设定好的程序执行固定的操作，要想做出新的动作，则需要添加新的程序。而基于大模型，工业机器人将变得更加聪明，不仅能够执行固定操作，还能够完成一些不固定的工作。例如，面对复杂的工业场景，工业机器人能够生成智能方案，对自己的任务进行排序，以更加智能的方式高效完成工作。

总之，大模型将重塑工业机器人的应用价值，为生产制造提供更加智能的解决方案。大模型与工业机器人的融合发展，将为工业领域带来更多创新。

10.2.4　盘古大模型：开启智能生产新范式

2023 年 7 月，在"华为开发者大会"上，华为展示了盘古大模型在工业领域探索的历程。盘古大模型在研发设计、生产、产品经营等方面进行了大量探索，并在多个场景中得到了验证。

华为打造了一套基于大模型的从技术到应用的解决方案，以弥补传统模型存在的通用性差、开发门槛高等缺陷。经过多年探索，华为围绕工业场景打造了基于盘古大模型的通用视觉能力，使大模型工业化生产成为现实。同时，华为云打通了从模型监控、数据回传到持续学习、持续更新的技术闭环，为大模型的高效开发奠定了技术基础。

盘古大模型的层次化预训练架构为大模型的定制化开发提供了底层架构支持。根据应用场景的不同，大模型预训练架构分为通用层、行业层和场景层。其中，通用层为基于海量互联网数据训练形成的通用大模型，是整个大模型预训练架构的底座。行业层是通过收集行业的多种数据，基于通用层的底座打造的行业预训练模型。通用层和行业层为大模型开发奠定了基础，而场景层只需要根据相关场景数据就能够产出场景化的大模型解决方案。

在煤矿行业，煤矿生产企业往往无法自主进行 AI 算法模型的开发，也缺乏 AI 算法模型持续迭代的机制。同时，定制化的算法模型提高了开发门槛，难以实现 AI 算法模型的大规模复制。

为了解决这些问题，华为与山东能源集团基于盘古大模型共同打造了人工智能训练中心。双方凭借盘古大模型，打造了一套 AI 算法模型流水线应用，可应用到不同场景中，降低了大模型的开发门槛，实现了大模型的工业化开发。目前，该应用已经在采煤、主运、安监、洗选、焦化等多个专业领域的 20 余个场景落地，实现了井下生产、智慧决策等方面的模式创新。

为了让配煤更高效，华为推出了智能配煤解决方案。在无须人工干预的情况下，盘古大模型能够根据煤资源数据库、焦炭质量要求、配比规则、工艺输出优化配比，输出高性价比的配合煤，缩短配比耗时，节省成本。

大模型作为引领产业变革的重要驱动力量，将重塑生产方式，优化产业结构，提升生产效率，推动工业领域全场景的智能化升级。未来，盘古大模型将在工业领域的更多场景中落地，为工业领域应用大模型奠定坚实的基础，助力更多企业数字化转型升级。

10.3 "大模型 + 自动驾驶"激活汽车制造业

大模型在工业领域的应用，将推动智能制造进一步发展。在汽车制造领域，汽车智能制造和自动驾驶是大模型落地的主要场景。

10.3.1 自动驾驶算法：多个模块的集合体

自动驾驶算法反映了人的思维模式，能够体现出人在驾驶汽车过程中的思考。自动驾驶算法是多个模块的集合体，包括感知模块、预测模块、规划模块、控制模块等。

1. 感知模块

感知模块可以感知外部世界，主要解决以下问题。

（1）检测：明确目标对象在环境中的位置。

（2）分类：明确目标对象是什么并对其进行分类，如对交通标志进行分类。

（3）跟踪：实现对移动目标对象的追踪。

（4）语义分割：将图像中的各目标对象和语义类别进行匹配，如天空、路标等。

2. 预测模块

预测模块能够感知外部环境和汽车当前状态。预测模块会收集感知模块输入的障碍物、红绿灯等信息，对汽车的状态进行判断，也能够感知外部环境对汽车的影响。评估器能够根据场景、障碍物等信息判断障碍物的轨迹或意图；预测器能够根据以上短期的轨迹或意图预测长期的轨迹。这为汽车的路线规划提供重要的参考。

3. 规划模块

规划模块的作用是找到最优路径到达目的地。规划模块包括全局路径规划、行为规划、运动规划。其中，全局路径规划指规划出汽车到达目的地的理想路径。行为规划指的是汽车在行驶过程中，面对实时交通环境做出的驾驶行为，如换道、避让等。运动规划包括路径规划和速度规划，能够生成驾驶轨迹，采用一些方式让汽车的换道、加速等操作更加平稳，以满足用户对汽车舒适性的要求。

4. 控制模块

根据规划模块提供的行进路线和驾驶策略，控制模块可以控制不同的驱动器组件，如发动机、刹车、转向器等。这一模块负责实时控制和调节汽车的速度、转向和制动力等参数，保证汽车安全平稳行驶。

模块化的自动驾驶算法存在诸多问题。例如，感知、预测、规划、控制四个模块负责单独的子任务，各模块之间容易产生信息丢失问题；各模块的运作目标不一致，容易形成信息孤岛。而端到端的自动驾驶算法能够解决以上问题，即算法模型能够通过输入的感知信息，直接输出控制结果。

端到端的自动驾驶算法具有以下优势。

（1）感知、预测、规划、控制四个模块的运作，目的都是实现更好的自动驾驶效果。

（2）端到端的方式可以规避信息误差，同时摒弃冗余信息，提升算法效率。

（3）传统模块化的自动驾驶算法涉及多个编码、解码环节，容易造成算力浪费。端到端的自动驾驶算法能够极大地减少计算量，避免算力浪费。

（4）规则驱动转变为数据驱动，使自动驾驶汽车模型训练更加高效、便捷。

当前，英伟达、商汤科技等企业在端到端的自动驾驶算法方面都进行了探索，致力于推出新的解决方案。2023 年 6 月，CVPR 2023 最佳论文出炉，其中一篇由上海人工智能实验室、武汉大学、商汤科技联合完成的论文《以路径规划为导向的自动驾驶》（*Planning-oriented Autonomous Driving*）脱颖而出。

针对自动驾驶任务中各模块分别处理任务存在缺陷的问题，这篇论文提出了自动驾驶通用大模型 UniAD。UniAD 将全栈驾驶任务集成到基于 Transformer 架构的端到端网络中，除了感知、预测等主任务外，还包括一些子任务，如目标检测、场景建图、轨迹预测、路径规划等。根据论文提供的数据，这一模型具有非常不错的实践效果。未来，UniAD 有望在实际应用场景中落地。

大模型发展火热，在大模型的支持下，自动驾驶算法有望实现从感知到控制的一体化，端到端的自动驾驶算法将出现。

10.3.2　大模型赋能自动驾驶各环节

大模型能够在多个方面赋能自动驾驶，解决自动驾驶面临的发展瓶颈。大模型对自动驾驶的赋能主要体现在数据挖掘与自动标注、推动算法迭代、助力端到端的自动驾驶算法模型构建等方面。

1. 数据挖掘与自动标注

数据挖掘与自动标注是打造自动驾驶闭环体系的一大难点。随着智能汽车的发展，其产生的数据量呈指数级增长。高效利用这些数据、实现理想的训练效果，要求系统具备强大的数据挖掘与处理能力。同时，海量数据标注成本高昂，限制了算法模型的应用。而大模型的应用能够很好地解决以上问题。

在数据挖掘方面，百度基于大模型实现了长尾数据挖掘。百度通过文字和图像输入编码器训练了一个大模型，以实现向量搜索，再利用算法进行街景物体识别、定位等，经过图像编码器的处理后形成底层知识库。基于此，百度构建了一个基于街景数据的大模型。该大模型支持用户通过文本、图像等方式搜索所需内容，快速锁定多个目标对象。同时，该大模型支持对自动驾驶模型进行定制化训练，以提升数据利用效率。

在自动标注方面，自动驾驶人工智能技术公司毫末智行推出了自动驾驶生成式大模型"雪湖·海若"。用户将驾驶场景上传到云端平台后，平台能够快速将其中的车道线、行人、自行车等多种目标对象标注出来，降低了数据标注成本。

2. 推动算法迭代

大模型能够提供基础能力，提升自动驾驶算法模型的性能。在这方面，百度已经进行了尝试。百度融合文心大模型的能力和自动驾驶技术，提升了自动驾驶算法模型的感知能力。百度利用标注好的海量数据训练了一个感知大模型，用于标注未标注的数据，然后利用这些数据再次训练感知大模型。经过反复训练后，大模型的感知能力大幅提升。这一大模型与自动驾驶技术的结合，提升了自动驾驶算法模型的感知能力，自动驾驶算法模型可以识别出此前未能识别出的其他信息。

3. 助力端到端的自动驾驶算法模型构建

随着自动驾驶的发展，大规模、端到端的自动驾驶系统将会出现。大模型能够为自动驾驶的发展提供助力，在大模型的赋能下，自动驾驶一体化算法模型、端到端训练仿真数据的生成都将成为现实。

在端到端的自动驾驶算法模型构建过程中，大模型可以实现多模态数据的输入，提升自动驾驶算法模型对场景的感知能力。同时，大模型能够助力自动驾驶算法模型实现从感知到控制的一体化集成。在输出端，自动驾驶算法模型能够重构 3D 环境，让环境可视化成为现实，生成更加完善的路径规划，让自动驾驶系统更加安全、可靠。

10.3.3　科技巨头构建自动驾驶通用系统

在大模型时代，科技巨头有望通过构建大模型工具链，打造自动驾驶行业的通用系统。当前，微软、英伟达等科技巨头已经进入自动驾驶赛道，通过提供大模型和完善的工具链，助力汽车制造企业打造自己的自动驾驶算法模型。大模型的数据生成能力可以缩小中游汽车制造企业与头部汽车制造企业的差距，进而构建通用能力更强的驾驶系统。

1. 微软

在自动驾驶领域，微软凭借强大的云计算、边缘计算能力，以及 PaaS（Platform as a Service，平台即服务）、SaaS 等软件，为各类算法和应用的开发提供支持。同时，微软提供完善的自动驾驶开发支持解决方案。微软推出了 Azure OpenAI 服务，支持企业将大模型能力集成到自己的产品中，实现多场景应用，同时支持企业对大模型进行微调。基于此，汽车制造企业可以凭借微软的大模型能力，对自己的自动驾驶算法进行优化。

2. 英伟达

英伟达很早就在自动驾驶领域布局，推出了包含算法、软件应用、芯片的全栈解决方案。英伟达 DriveSim 仿真平台能够提供模拟和渲染引擎，生成各种拟真的自动驾驶测试环境，可以模拟暴雪、暴雨等天气，不同的路面和地形，白天和夜晚等不同的驾驶环境。DriveSim 仿真平台还配备了丰富的工具链，例如，神经重建引擎可以将现实场景中的数据迁移到仿真场景中，支持开发者修改仿真场景、增加合成对象等。

在大模型爆发后，英伟达致力于搭建大模型底层架构，帮助企业构建自己的大模型。基于此，英伟达推出了 AI Foundations 云服务，帮助企业构建大语言模型、AI 生成式图像模型等。英伟达发布的两篇文章展示了其在自动驾驶领域的探索成果。英伟达在其中一篇文章中推出的生成式视频模型 VideoLDM，可以实现文本生成驾驶场景视频，实现对不同场景的模拟。英伟达在另一篇文章中推出的神经场扩散模型 NeuralField-LDM，能够实现开放世界 3D 场景生成，为实现自动驾驶仿真助力。

未来，随着大模型与自动驾驶领域的融合进一步加深，汽车制造企业的行业分工将进一步明确。在科技巨头的支持下，汽车制造企业无须组建大模型开发团队、投入巨额资金进行大模型研发，只需接入科技巨头推出的大模型，就能够借助大模型强大的能力，优化自己的自动驾驶算法体系。这种分工合作的方式避免了汽车制造企业的资源浪费，将大幅降低自动驾驶通用系统的研发成本。同时，自动驾驶行业的发展将会产生更多的数据，这将有助于大模型的迭代优化，推动自动驾驶领域实现更好的发展。

10.3.4　汽车制造企业自研大模型，积极入局

在自动驾驶方面，除了科技巨头外，一些汽车制造企业也纷纷入局。理想汽车、蔚来汽车、小鹏汽车等均申请注册了 GPT 相关商标。其中，理想汽车已经推出自主研发的大模型 Mind GPT。

理想汽车是一家新能源汽车制造商，积极应用新技术，寻求创新性的汽车制造解决方案。理想汽车已经申请了 MindGPT 商标，并推出了 Mind GPT 大模型。Mind GPT 提供了一套新的辅助驾驶系统，能够为用户提供更智能、更安全的驾驶体验。

Mind GPT 能够通过深度学习和模仿人类的驾驶行为，为用户驾驶汽车提供辅助。基于大量的数据分析和学习，Mind GPT 能够模拟人的思维、决策过程，并根据环境变化动态调整驾驶策略。这不仅能够提高驾驶安全性，还能够改善用户的驾驶体验。

理想汽车通过将 Mind GPT 与其他智能系统融合，在自动驾驶领域深入探索。通过接入车载摄像头、导航系统等，Mind GPT 可以实现自动泊车、自动超车，为用户提供更便捷的出行体验。未来，理想汽车将持续进行相关技术、大模型的研发，优化 Mind GPT 的性能，给用户带来安全、舒适的驾驶体验。

理想汽车为汽车制造企业布局大模型提供了范例，但从整体来看，汽车制造企业布局大模型还存在一些阻碍。

一方面，在汽车制造企业研发大模型的过程中，多模态数据的收集、训练有一定的难度。自动驾驶需要的数据包括激光雷达、高清摄像头、GPS（Global Positioning System，全球定位系统）等数据。这些数据来自不同的系统，并带有不同的时间戳，较为复杂。此外，大模型研发也需要丰富的场景数据，包括交通标志线、交通流等。这些都提高了大模型研发的门槛。同时，大模型的训练需要在汽车中构建基于大模型的全新算法，这是大模型在自动驾驶领域实现应用的一个难点。

另一方面，车载设备的硬件条件有限，难以满足大模型对硬件配置的要求。大模型需要高规格的硬件配置，如高性能计算能力、大容量内存等，但车载硬件设备难以提供以上支持。在这种情况下，在汽车内搭建更加先进的算力基础设施

就成了必然选择，智算中心或许会成为汽车的标配。

例如，特斯拉发布了云端智算中心 Dojo，基于英伟达的 GPU 训练 AI 模型；小鹏汽车携手阿里云搭建了智算中心"扶摇"，用于自动驾驶模型训练；毫末智行与火山引擎共同打造了智算中心"雪湖·绿洲"，为自动驾驶模型训练提供算力支持。当前，以上探索尚未完全成熟。未来，以上探索成果的落地应用，将为自动驾驶算法模型的搭建提供强大的算力支持。

大模型与汽车的结合，将驱动汽车向智能化方向发展。在这个过程中，拥有底层科技能力的汽车制造企业才能够在竞争中占据优势地位。

一方面，汽车制造企业需要注重汽车内的人机交互以及汽车服务生态建设。当前，汽车内的车载语音系统主要为任务型对话系统，不具备个性化、情感化的交互能力。而大模型可以通过深度学习和语音生成，在开放场景中打造自然的人机交互体验。同时，大模型与汽车结合后，汽车的消费电子属性将更加明显。在产品迭代时，汽车制造企业应注重汽车服务生态建设，如打造专属 App、互动社区等，为用户提供全方位的服务。

另一方面，大模型将会完善汽车行业现有的算法体系。当前，自动驾驶算法对人工的依赖度较高，而接入大模型后，需要基于大模型形成新的智能算法。要构建这样的算法，汽车制造企业就需要搭建平台。例如，汽车制造企业需要搭建集成芯片、云端服务的计算平台，为自动驾驶算法的优化提供算力支持。

总之，汽车制造企业需要转变思路，从瞄准制造本身转变为瞄准先进技术，以大模型助力汽车生产，提升汽车的智能性。在大模型带来的变革中，汽车制造企业只有抓住机遇、积极变革，才能够在竞争中占据优势地位。

10.3.5 魔方 Rubik 大模型：汽车智能制造新探索

2023 年 5 月，智能操作系统产品与技术服务提供商中科创达在其举办的"Thunder World 2023 技术大会"上，展示了在大模型领域的研发成果，推出了魔方 Rubik 大模型。该大模型可以与智能座舱、智能硬件等融合，提供汽车制造创新解决方案。

在大会上，中科创达发布了魔方 Rubik 大模型在汽车智能制造领域的应用——Rubik Genius Canvas。Rubik Genius Canvas 的底层支撑包括智能编码大模型 Rubik Studio、3D 引擎 Kanzi 等，具备较强的智能能力。Rubik Genius Canvas 能够在概念创作、3D 设计、场景搭建等方面为汽车制造企业提供帮助。

在现场，中科创达演示了 Rubik Genius Canvas 辅助汽车设计的过程。工程师可以与 Rubik Genius Canvas 进行自然语言交互，而 Rubik Genius Canvas 能够从交互中识别工程师的设计需求，按要求进行图纸设计、模型搭建等，提升汽车座舱的设计效率与质量。

在此次大会上，中科创达还举行了人工智能联合创新实验室的揭牌仪式。该人工智能联合创新实验室由中科创达与亚马逊云科技共同打造。未来，双方将基于该实验室，围绕大模型在行业中的创新应用进行合作。凭借中科创达在操作系统、人工智能等方面的先进技术和亚马逊云科技领先的云计算技术，人工智能联合创新实验室能够推进大模型的落地应用，将大模型应用于包括汽车智能制造在内的多个场景中。

在大会现场，中科创达还展示了基于魔方 Rubik 大模型的系列产品，以及在智能硬件、车路协同等领域的最新解决方案，展示了其在智能化进程中为客户提供一站式服务的技术实力。

当前，汽车制造的智能化程度不断提升，智能汽车硬件、自动驾驶等方面的应用需要大模型提供数据、算力以及生成能力的支持。大模型的出现，将改变汽车制造的方式与创新方式。未来，如何充分挖掘大模型的应用价值，基于大模型升级汽车制造方案、提升用户体验，是汽车制造企业发展的关键。

大模型+智慧营销：

助推营销方式变革

第 11 章

大模型与营销场景相结合能够助推营销方式变革，使营销变得更加智能。大模型对营销的影响主要体现在三个方面，分别是大模型能够提升营销效果；大模型能够实现营销内容"人机共创"；大模型能够重构营销业务。

11.1 多场景落地，大模型提升营销效果

随着大模型的发展，其与多个领域的融合不断加深，在多个场景落地。大模型应用在营销领域，能够提升营销效果。大模型能够助力企业打造智能客服，为客户提供个性化的服务；能够用于构建智能推荐系统，提升产品转化率；能够助力智能质检，提升营销效果；能够助力智能投顾，实现更好的金融产品营销。

11.1.1 打造智能客服，提供个性化客户服务

大模型浪潮袭来后，大模型在很多场景中实现了落地应用，其中一个场景便是客服场景。传统客服机器人存在回复不准确、不全面的问题，而搭载大模型的智能客服能够提高客服的智能性，提高客服工作效率。

传统客服机器人具有三个局限性：一是问答覆盖率较低，拦截率低；二是接待能力有限，服务效率低；三是知识维护量大，成本高昂。

而搭载了大模型的智能客服能够学习行业知识、企业知识，具备一定的语言理解能力与推理能力，能够理解用户的话语并精准回复。智能客服的回复方式多样，包括图文、表格和链接等。

例如，向传统客服机器人和智能客服提问同一个问题"我想要拍摄一个短视频，应如何拍摄"，传统客服机器人往往会列举一些拍摄短视频的方式，而智能客服则会询问用户拍摄短视频的内容和场景，根据内容和场景为用户推荐合适的方案。

搭载大模型的智能客服具有极强的语言理解与分析能力，能够结合上下文理解用户意图并给出合适的回答。而传统客服机器人则是将用户的问题与知识库中的知识匹配，如果无法匹配则会告诉用户"该问题还在学习中"。

除了对话的智能性有所提高外，智能客服的数据分析能力也得到提高。在数

据分析环节，数据分析工具使用门槛高、数据采集困难，企业面临工作人员理解业务却无法进行数据分析的问题，而智能客服可以解决这个问题。

智能客服能够对数据进行整理，工作人员只需提出问题，便可获得具有数据结论的可视化图表。同时，智能客服还能撰写周报和月报，减轻工作人员的工作负担。

许多企业都推出了大模型解决方案，以重塑客服的服务方式，抢占更多智能客服市场的份额。

例如，容联云发布了"赤兔"大模型，持续赋能沟通智能。"赤兔"大模型是一个面向垂直行业的多层次语言大模型，能够对智能客服进行重构，产生更多营销价值。企业可以借助"赤兔"大模型打造专属智能客服，实现降本增效和价值创造。

"赤兔"大模型功能强大，可以实现 AI 基础能力、语言分析能力、对话能力和人机协同四个方面的提升。"赤兔"大模型能够根据应用场景的不同生成不同的内容，具有一定的针对性，能够提高企业运行效率和客户服务水平。

容联云在结构化数据分析与问答方面深耕，有一定的经验积累，其将这些经验应用于搭建"赤兔"大模型。基于此，"赤兔"大模型具有强大的分析能力与交互能力，能够应用于多个场景，提供自然的交互式服务。在业务执行方面，"赤兔"大模型能够提升智能客服的任务型对话管理能力，实现灵活应答。

用户的需求往往复杂多样，为了全方位满足用户的需求，容联云基于"赤兔"大模型打造了生成式智能"泛服务"应用平台——"机器猫"。"机器猫"能够为企业提供多样化的生成式智能应用，助力企业实现服务数智化。

"机器猫"为企业提供的生成式智能应用首先在四个场景落地，分别是客户联络、业务协作、AI 辅助和智能洞察。

在客户联络方面，"赤兔"大模型能够应用于多个场景，有效减少人工成本，提升用户体验；在业务协作方面，"赤兔"大模型拥有智能分配、智能填写等能力，能够降低运营成本、减少客诉数量；在 AI 辅助方面，"赤兔"大模型赋能 AI 辅助，能够快速、高效地帮助企业解决管理难题，提升销售业绩；在智能洞察方面，"机器猫"能够为企业提供各种各样的分析模型，对各类数据进行分析，帮

助企业做出决策。

如今，智能客服市场竞争十分激烈，企业只有不断提升自身的技术能力，才能够更好地为用户服务。而大模型的出现能够持续赋能智能客服，提升智能客服的智能程度，拓展智能客服的应用场景，为用户带来更好的体验。

11.1.2　构建智能推荐系统，提升产品转化率

产品竞争十分激烈，企业想要持续获得用户并实现销售增长，就需要不断提升自身的营销水平，借助大模型实现智慧营销。以电商行业为例，大模型可以赋能智能推荐系统，有效提升电商企业的运营效果。

企业可以通过数据了解用户的行为偏好和日常习惯，并挖掘出他们的需求，根据需求向他们推荐产品，提高转化率与销售额。下面是大模型赋能智能推荐系统的过程，如图 11-1 所示。

图 11-1　大模型赋能智能推荐系统的过程

（1）分析用户数据。企业想要吸引用户，首先需要了解用户的行为与需求。企业可以通过分析用户的重要数据了解用户的需求，包括购物记录、浏览历史和搜索历史等。企业可以借助这些数据了解用户的购买偏好、日常习惯以及潜在的消费需求。

（2）个性化推荐。企业可以根据数据分析的结果，借助智能推荐系统为用户提供个性化推荐服务，提高用户的满意度和购买意愿。智能推荐系统能够将目标用户的行为与相似用户的行为进行对比，为目标用户提供其感兴趣的产品。此外，企业还可以应用协同过滤、内容推荐等方法，提高推荐的精准度，促使用户

尽快做出购买决策。

（3）优化用户体验。优质的用户体验可以提高用户留存率与转化率，因此企业需要注重优化用户体验。企业可以从以下几个方面入手优化用户体验：一是为用户提供实时的个性化推荐服务，帮助用户找到自己感兴趣的产品；二是推出智能搜索与过滤功能，使用户更加轻松地浏览产品，提高用户购物的舒适度与效率；三是对于新用户，企业可以通过发送促销信息的方式进行个性化推荐，提醒用户浏览产品。

总之，在智能推荐系统的助力下，企业能够以技术赋能满足用户需求变化。企业只有不断地学习，才能在竞争激烈的市场中赢得一席之位。

11.1.3　助力智能质检，提升企业营销效果

营销是企业获得成功的重要因素之一。以前，质检仅是一个辅助工具，与营销决策的关联性不强。而智能质检能够通过敏感词识别、知识图谱等技术进行质检功能矩阵式布局，对重点业务进行排查、分析，为营销人员提供辅助决策建议。

智能质检的优势主要有三个，如图 11-2 所示。

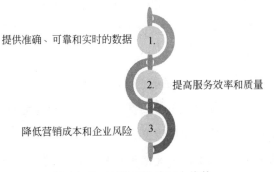

图 11-2　智能质检的三个优势

1.提供准确、可靠和实时的数据

智能质检会收集电话录音、聊天记录等数据，并对这些数据进行处理，如分类、提取关键词、分析用户情感等，以评估企业的服务质量。智能质检还能够生成分析报告，企业能够根据报告进一步优化服务，制定有针对性的营销方案。

2. 提高服务效率和质量

智能质检可以自动评估营销人员和用户的通话质量和营销效果，及时发现问题并给出改进方案，提高服务效率和质量。

3. 降低营销成本和企业风险

智能质检能够以自动化的工作方式，减少人工质检的工作量和人为误差，降低营销成本和企业面临的风险。

例如，一些金融企业可以通过智能质检技术在录音库中搜索包含"偿还能力""年金转换"等关键词的录音，并通过上下文筛选出涉及相关业务的录音，对录音进行分析，了解营销人员的服务质量并不断优化。

智能质检在对重点业务进行排查的同时，还会对用户的意图进行分析，将用户的真实意图反馈到系统中，以评估营销人员的操作是否正确。在为营销赋能方面，智能质检可以提取用户的标签，描绘用户画像，为后续服务提供更多的信息支撑。

在大模型的助力下，智能质检能够提升客户服务质量和用户满意度，提升企业营销效果。

11.1.4 助力智能投顾，给出专业化建议

在金融领域，金融客服需要根据复杂的客户需求和沟通环境，结合专业知识给出科学的解决方案。有了大模型的助力，金融客服的理解能力、金融专业能力、表达能力大幅提升，向着智能投顾的方向发展。

例如，在推销金融产品时，金融客服能够综合客户的财务状况、家庭构成、投资需求等情况，以及金融产品的投资费用、收益、不同金融产品的组合搭配等专业知识，为客户提供科学的投资建议。

当前，已经有一些企业基于大模型推出了智能投顾平台、金融智能助手等。例如，恒生电子基于大模型发布了金融智能助手"光子"和智能投研平台"WarrenQ"；盈米基金旗下投顾品牌"且慢"不断探索 AI 智能投顾。

大模型能够为智能投顾带来哪些可能？金融领域海量的多模态数据能够在大模型的助力下实现全面利用，产出更科学的分析结果，提升智能投顾的服务能力。客户情况分析、投资策略研究、金融产品筛选、资产配置等多个环节都将受益。

在产品方面，恒生电子发布的智能投研平台基于大模型推出了两款应用。其中一款应用是 WarrenQ-Chat，其基于大模型的搜索能力和金融数据库，可以轻松实现智能搜索，并给出专业的答案。用户与 WarrenQ-Chat 的所有互动都可以通过对话实现。WarrenQ-Chat 基于海量数据进行训练，生成的所有答案都支持文本溯源，还可以生成专业的金融报表。另一款应用是 ChatMiner，其基于大模型和金融数据库而构建，支持用户指定文档并进行干货提炼、要点挖掘等，从而实现文档快速定位。

恒生电子推出的金融智能助手也展现出了很强的智能能力。在投顾场景中，基于大模型的助力，金融智能助手能够在与客户沟通的过程中给出更加准确的信息。例如，当客户询问某只股票的股价时，金融智能助手会根据这名客户以往关注的产品收益区间、产品类别、交易频次等，将相关的股票信息、报告等推送给客户。

此外，当客户在沟通过程中带有情绪时，金融智能助手会识别客户的情绪，如开心、失望、焦虑等，从而给出个性化的回复。例如，当客户表现出失望、焦虑等负面情绪时，金融智能助手会耐心安抚客户的情绪，并给出科学的投资建议。

未来，随着金融数据量的增多、大模型能力的进一步提升，大模型在智能投顾领域的应用将变得越来越普遍。这能够提高金融机构的服务能力，满足客户的个性化需求。

11.1.5　京东大模型：助力企业精准营销

京东作为国内电商领域的头部企业，一直致力于为用户提供更好的购物体验，为企业提供更好的营销解决方案。2023 年 7 月，京东推出了"言犀"大模型，助力企业实现精准营销。

在产品发布会上，京东以采购领域为例，讲述了其在推进采购大模型技术创新、采购行业数智化升级方面做出的努力。

京东已经将 AI 技术应用于采购领域，并以言犀大模型为基础，搭建了行业大模型、场景大模型和企业专属大模型，以"预训练 + 精调"的方法，使得大模型开发更加标准化和集约化。

例如，大模型能够进行商品智能审核，使商品合法合规；在智能控价方面，大模型能够输出价格预警策略，使价格合规；在智能商品运营方面，大模型能够解决供给匹配的痛点，实现用户需求与供应商的精准匹配。

京东在推动大模型落地应用的过程中面临一些难题，其中最典型的是行业与应用场景的差异。企业在采购 MRO（Maintenance、Repair、Operations；维护、维修、运行）类产品时，可能会面临采购频率高、供应商数量众多、价格不透明等问题。而京东针对这些问题，将 MRO 类产品的供应商接入了京东自营采购平台，解决了产品标准化的问题。同时，京东的采购平台具有透明性和可追溯性，能够实现采购全流程的可视化，提升采购管理的透明度。

未来，京东将深耕采购领域，利用大模型赋能企业采购，实现采购决策的数字化和智能化。

11.2 大模型实现营销内容人机共创

大模型可以应用在营销领域的许多方面，包括创意生成、内容生成、打造超级员工等。大模型能够实现营销内容人机共创，赋能营销策略创新，使营销更具创意。

11.2.1 创意生成：生成定制化营销创意

在数字化时代，用户审美水平提升，对广告质量的要求一再提高。企业需要耗费大量人力与资金制作创意广告，满足用户的需求。营销成本高昂是很多企业面临的一大营销痛点，企业亟待寻找能够降本增效的营销方法。

ChatGPT、文心一言等大模型横空出世，能够在提高内容输出效率的同时降低成本，从技术层面和商业层面给企业带来颠覆性改变。

作为先进技术的探索者，百度利用大模型赋能营销，打造了营销创意平台"擎舵"。"擎舵"从文案、图像和数字人视频生成三个方面出发，在保证营销效率的同时生成高质量、定制化的营销创意，构建营销新生态。

真人出镜拍摄广告流程复杂、耗时长、成本高，需要经过策划、选人、拍摄、后期制作等环节，难以实现规模化复制。对此，"擎舵"打造了 AI 数字人生成平台，在采集数据后便可以生成数字人分身和口播视频。

用户使用 AI 数字人生成平台制作视频的步骤十分简单，仅需三步：首先，用户需要输入产品的特色、宣传点等，生成口播文案；其次，用户可以选择心仪的数字人进行视频创作；最后，用户选择模板并添加文案，即可获得一条视频广告。

例如，贵州大国古将酒业没有专业的团队制作营销视频，平均一个月更新不了一条视频，而在使用 AI 数字人生成平台后，一小时内便可以制作六条视频，有效提高了营销视频产出效率。

当前信息泛滥，想要产出使用户眼前一亮的文案并不容易，而在"擎舵"的助力下，企业可以激发自身的商业潜力。"擎舵"能够生成优质创意，融合图像、语音、数字人等技术生成定制化营销内容，提升企业的营销效率。

"擎舵"在内测阶段广受好评，与多家企业展开了深度合作，共同探索创意营销新玩法。未来，百度将会以大模型持续赋能营销行业，打造满足企业需求的创意营销平台，以技术为创意营销提供无限可能。

11.2.2　内容生成：生成多元化营销内容

除了生成个性化的营销创意外，大模型还能够生成多元化的营销内容，助力企业日常营销活动的开展。当前，已经有一些企业做出了探索，锚定特定用户群体发布了基于大模型的营销产品。

2023 年 5 月，企业云端商业及营销方案提供商微盟发布了基于大模型的营销产品"WAI"。WAI 聚焦电商商家这一用户群体，覆盖短信模板、商品描述、直播口播稿、公众号文章等 20 多个场景，为商家进行市场营销助力。

围绕"释放全新生产力"这一目标，WAI 具备多种优势，可以实现自然语言生成、SaaS 融合、聚合应用等，并可以通过多样化的能力，覆盖商家经营全场景。同时，WAI 预设了有针对性的模型输出模板，零基础的商家也可以使用WAI 开展营销活动。

大模型具有广阔的应用前景，但大模型从供给端流向使用端还存在一些障碍，距离大范围落地还有一段路要走。WAI 不仅能够快速生成高质量的营销内容，还能够降低大模型的使用门槛。在 WAI 的帮助下，商家能够享受大模型带来的便利。

怎样释放大模型带来的全新生产力，是 WAI 的核心设计理念。当前，大模型百花齐放，生产力革命已经临近奇点，而大模型要想实现规模化且稳定的落地、推动生产力变革，就需要在应用方面实现突破，实现大模型技术普惠。

在发布会现场，微盟演示了 WAI 的强大能力。在助力商家开店方面，WAI 能够实现启动页快速生成、模特试穿图生成、店铺文案生成等，节省商家开店的时间。WAI 具有自动生成营销脚本的能力，可以实现公众号图文创作与封面生成、多种直播风格的直播脚本创作、推广文案生成等。同时，WAI 操作简便，商家很快就能上手。

此外，微盟还在发布会现场演示了 WAI 为某品牌生成的"618"线上活动营销方案。WAI 结合该品牌的特色、"618"活动场景、该品牌的产品等，生成了具有针对性且契合品牌需求的线上活动营销方案。

微盟表示，WAI 正处于快速迭代中。以嵌入 SaaS 产品为例，目前，微盟旗下微商城、企微助手等 SaaS 产品已经接入 WAI，以满足商家在电商运营中的快速搭建、内容创作、营销推广等需求。未来，依托于微盟在营销全链路中丰富的 SaaS 产品和服务，WAI 将在更多场景中落地，助力商家释放生产力。

微盟的探索展示了大模型在营销领域的巨大应用潜力。未来，大模型有望通过便捷的应用、与 SaaS 产品融合等，实现在营销领域的大范围落地。除了生成营销创意外，大模型还可以深入营销的多个环节，如网店设计、日常运营、营销活动方案设计、售后服务等，为商家提供全方位的助力。

11.2.3 超级员工：大模型能力加持，构建数字员工

基础大模型逐渐成熟，能够帮助企业提高运营效率。例如，中关村科金 AI 平台能力中心借助大模型打造"得助"对话引擎，并推出了虚拟员工助手，助力企业打造专属的超级员工。超级员工能够应用于文案生成、智能问答等方面，提升企业营销服务的价值。

在基础大模型的助力下，"得助"对话引擎能够为企业打造超级员工。打造超级员工需要经过"学、教、用"三个步骤。

1. 学：大模型基于领域数据进行无监督学习

大模型的理解能力较强，中关村科金 AI 平台能力中心向大模型输入了领域知识，包括培训材料、行业通用知识等，使大模型能够理解、掌握领域知识。

这一步骤主要是使大模型从不同来源的数据中获得事实性知识。ChatGPT 使用的是开源数据，并没有具体领域的数据。如果企业想要应用 ChatGPT，就需要提供高质量的领域数据。中关村科金积累了许多行业内部的对话数据，并将这些对话数据用于大模型训练。经过训练的大模型生成的答案中包含领域知识，使大模型更具针对性。

大模型难以掌握动态变化的事实性知识。例如，在金融场景中，用户询问某款金融产品的利率，该产品当前的利率是 3.4%，但是大模型生成的答案可能是之前 4% 的利率。随着金融市场的变化，该金融产品的利率可能降为 2%，但大模型无法及时更新数据。

大模型具有自然语言生成能力，能够根据上下文理解用户的意图并生成符合逻辑的答案，但是并不能保证答案的事实性。虽然动态变化的事实性知识可以通过训练融入大模型中，但无法保证答案的正确性。因此，中关村科金 AI 平台能力中心引入了 GPT-4 的插件功能，以保证大模型输出内容的正确性。

2. 教：利用有监督学习的方式进行微调

在经过无监督学习后，大模型还需要不断与研究人员交互，以提升自身水平，成为超级员工。这一步的难点在于如何使大模型掌握流程性知识。与事实性知识相比，流程性知识更强调逻辑性。

想要让大模型掌握流程性知识，可以借助两种方法：一种是无指导学习，另一种是有指导学习。无指导学习指的是使大模型自行从对话数据中掌握知识，并不断进行调整；有指导学习指的是研究人员对大模型进行指导，不断提升大模型的能力。

3. 用：以机器人或助手身份投入应用

中关村科金 AI 平台能力中心培训出超级员工后，会给超级员工分配具体任务，如撰写文案、对接用户并回答用户问题等。这一步骤的关键在于任务分配应该从能力互补的角度出发，为真人员工和超级员工分配任务，并使超级员工在实践中持续提升。

根据中关村科金 AI 平台能力中心的介绍，其采用"机器 + 人工"的方式进行任务分配。首先，从业务属性出发，按照通用的框架与流程进行分工；其次，以人工介入的方式进行具体环节的分工。业务的复杂程度不同，人工的参与程度也不同。对于简单的业务，系统会进行自动化处理，而复杂的业务则先由超级员工处理，再由人工审核。

中关村科金 AI 平台能力中心为了帮助企业降本增效而打造了超级员工。如今，超级员工已经在部分场景中进行了试用。例如，领域大模型可以用于打造外呼机器人。以往，打造一个外呼机器人大概需要 5 个月的时间，而在领域大模型的帮助下，仅需两天左右便可打造一个能力强大的外呼机器人。

未来，超级员工在企业担任的角色将越来越丰富，不仅能够完成机械、重复的工作，还能够进行一些创造性的工作，减轻真人员工的工作负担。大模型将会持续释放自身的价值，赋能更多超级员工，实现提质增效。

11.2.4　三人行携手科大讯飞，打造营销大模型

2023 年 3 月，专注于从事整合营销服务的综合型广告传媒企业"三人行"宣布将与科大讯飞合作，共同开发基于人工智能技术的多模态智能营销工具，包括用于营销领域的大模型与 SaaS 化部署智能营销软件。

在科技飞速发展的时代，大模型的出现为营销行业带来了重大变革，推动营销行业快速发展。三人行积极拥抱新技术，在大模型领域抢先布局，以实现降本增效。

三人行与科大讯飞进行了深度合作，利用科大讯飞的技术优势与产品优势赋能自身，与科大讯飞实现共同发展。

在此次合作中，三人行共享其深耕行业多年总结出的营销方法论，展现出强大的市场推广能力。而科大讯飞积极推进与三人行的合作进程，共享其行业领先

的人工智能技术，与三人行共同拓展营销边界，以大模型赋能营销行业的发展。二者还共同研发多模态智能营销工具，该工具能够为企业提供 SaaS 服务，帮助企业生成品牌营销战略、海报、文案等，还可以用于打造可以进行电商直播的虚拟数字人。

随着时代的发展，营销方式发生重大改变。个性化推荐、用户画像等技术能够赋能企业营销，而大模型的出现，给营销行业带来更深远的影响。

11.3 大模型重构营销业务

在大模型的支持下，创意营销文案、营销视频等内容的生成，智能客服的人机对话等，都将实现变革。大模型能够实现营销内容的多模态生成，破解营销创意生产瓶颈，助力营销企业降本增效，重构营销生态。目前，在电商营销、金融服务营销等方面，大模型已经实现了对部分营销业务的重构。

11.3.1 多方面重构，营销业务升级

随着大模型的发展，其参数数量和训练数据量将进一步增加，能力不断提升。大模型在营销领域的应用将重构营销格局。具体而言，大模型对营销格局的重构表现在以下几个方面，如图 11-3 所示。

1. 产品交互范式改变
2. 重构内容生产方式
3. 重塑流量格局
4. 创新运营服务
5. 加速商业洞察

图 11-3　大模型对营销格局的重构

1. 产品交互范式改变

开放 API 接口使得大模型成为一个通用平台，支持用户调用大模型的各种

能力，赋能自己的产品。产品接入大模型、提升智能性成为可能，促使产品交互范式改变。以往，产品设计按钮和使用界面的目的是满足用户的刚性需求，交互逻辑是用户需要适应产品的功能。而接入大模型后，产品能够理解和满足用户的更多需求，并根据用户需求调用资源为用户提供优质服务。在这种情况下，产品与用户的交互更加主动、更加多样化。

2. 重构内容生产方式

在大模型未出现之前，营销内容的生产周期较长，企业往往需要咨询专业机构，以打造个性化的营销方案。同时，营销方案中每个模块内容的生产都需要大量的人力与时间，拉长了营销方案产出和执行的周期。而大模型能够重构营销内容生产方式，无论是个性化营销方案，还是营销文案、视频、网页设计等，都可以交给大模型完成。这不仅提升了营销内容的产出效率，还能够通过千人千面的内容实现更好的触达、转化效果。

大模型的应用和海量营销内容的产出使用户的注意力变得更加稀缺。在这样的环境下，一方面，企业要快速铺量，以低成本的内容触达更多用户；另一方面，企业也要注意提高营销内容的质量，使内容更具竞争力，以占领用户心智。

3. 重塑流量格局

当前的流量转化形式主要是社交平台向电商平台转化，即用户在社交平台被"种草"后，再去电商平台搜索产品。这种流量转化方式将随着大模型的应用而被改变。大模型提供了新的交互模式，能够为用户提供个性化的产品推荐方案。这将会对当前的社交平台以及搜索引擎造成冲击。在未来，大模型可以与手机助手、智能音箱等多种终端结合，给用户带来更加自然的交互体验，而流量也将会向这些终端转移。大模型将成为新的流量入口。

4. 创新运营服务

在运营服务方面，随着大模型与智能客服的结合，个性化、更具情感关怀的一对一服务将成为可能。与以往只能进行短文本处理、简单多轮对话的智能客服不同，接入大模型的智能客服具备长文本处理、意图识别、上下文连续对话等能力，能够为用户提供个性化、更有温度的服务。

以往，配置智能客服是一项复杂的工作，智能客服的普及度也不高。而在大模型的支持下，配置智能客服的成本得以降低、流程更加简单。这使得企业可以配置多样化的智能客服，为用户提供一对一、个性化的服务。

5. 加速商业洞察

当前，品牌营销的商业洞察集中在文本领域，如基于用户在电商平台、社交平台的评论进行商业洞察。而大模型会颠覆这种商业洞察模式，形成"提出假设—收集信息—产出洞察"的闭环，使敏捷化、自动化的商业洞察成为可能。大模型的赋能使得商业洞察的门槛大幅降低，企业的商业洞察能力提高。

大模型的爆发将推动营销生产力爆发，推动营销业务、营销模式革新。在这样的背景下，企业需要了解以上几个方面的变化，抓住变革机遇，更好地适应大模型时代。

11.3.2　智能电商成为电商发展新方向

大模型的涌现推动营销领域发生重大变革，电商营销是其中的一个典型。电商是一个聚集着众多玩家的赛道，阿里巴巴、京东、拼多多等互联网巨头都通过电商业务实现了快速发展。从货架电商到内容电商，电商营销的玩法不断创新。

在大模型时代，电商领域将发生什么变化？智能电商将成为电商发展新方向，电商营销将在大模型的赋能下变得更加智能。

在流量入口端，电商平台可以借助大模型实现对海量数据的深度学习，分析用户行为，预测用户可能会被哪些产品吸引，进而生成个性化的产品推荐方案，提升引流效果。例如，当用户搜索关键词"口红"时，大模型可以在电商平台中找到与口红相关的各种数据，并结合用户的购买记录和喜好，生成个性化的口红推荐方案。这能够帮助用户快速找到心仪的商品，提升用户的购物体验。

除了流量入口端的变化外，供应端同样会发生变化，如利用大模型生成营销文案、模特图片、营销视频，以及利用 AI 虚拟主播进行营销等。这些都体现了大模型给电商营销带来的变革。

2023 年 4 月，腾讯云推出了智能小样本数智人生产平台。基于真人口播视频和语音素材，该平台能够实时建模并生成高清数智人，为电商营销助力。相较于真人主播，虚拟主播的营销费用大幅降低，并且可以稳定输出营销短视频，进行全天候电商直播，提升电商营销效率。

智能客服是大模型在电商营销领域的重要应用场景。当前，各大电商平台的智能客服并不是十分智能，只能够根据关键词给出提前设置好的答案，难以满足用户的个性化需求。而大模型在语音识别、自然语言理解、人机交互方面都具有优势，能够大幅提升智能客服的智能性。

在大模型的支持下，电商平台将变得更加智能。电商平台能够捕捉用户的想法和需求，并提供个性化的解决方案。未来，电商营销的全流程在大模型的助力下都将发生变革。

当用户搜索某件商品时，基于大模型的智能导购能够通过语音对话的形式了解用户的需求，向用户介绍商品品牌、性能、型号等，根据用户的喜好向其推荐合适的产品。此外，智能导购还能够对不同品牌的同类商品进行对比、测评，为用户做出购买决策提供依据。在这种贴心的服务下，用户能够减少犹豫和思考时间，更快速地做出购买决策。同时，基于大模型的智能分析，电商平台能够主动向用户推荐更加符合其偏好的商品，促进成交，提高用户转化率。

如果用户想要详细了解某件商品，可以与智能导购交流，询问细节问题并获得准确的回答。用户也可以进入店铺，与其中的智能客服、直播间的虚拟主播沟通，了解商品的详细信息、优惠活动等。

在用户购买完商品后，智能客服会主动询问用户的反馈，并解决用户提出的各种售后问题。例如，当用户购买了商品，需要商家指导安装时，智能客服能够生成商品的安装视频，指导用户逐步安装。此外，对于不同用户对商品的评价，智能客服能够生成个性化的回复，避免回复千篇一律。

总之，基于完善的营销服务流程，用户能够获得更加流畅、自然的购物体验。这降低了用户的决策成本，提高了电商平台的用户转化率。

11.3.3 大模型时代，金融服务营销模式创新

大模型在金融领域的应用，将推动金融服务营销模式创新。大模型将为金融服务营销模式带来以下三个改变。

（1）基于大模型的智能客服将代替人工客服，高质量的智能金融服务成为

可能。基于金融行业大模型以及丰富的金融数据进行训练的智能金融客服能够与用户进行多轮对话，并根据用户的需求给出专业的解决方案。

（2）大模型能够为专业的理财顾问、理财经纪人等生成金融业务助理。金融业务助理不仅了解行业宏观政策、产品信息、用户需求等，还能够自动生成报告、提供专业的理财建议或方案。

（3）大模型具有一键生成营销内容的能力，能够提高金融行业的营销效率。以往，金融服务营销从业者需要从海量信息中检索词条，将大量时间用于信息收集、提炼与整合，并进行营销方案设计、营销文案与短视频制作等。未来，内容检索、数据整理、营销内容生成等工作都可以交由大模型完成，用户可以通过人机协作提高工作效率。

当前，在大模型与金融服务营销融合方面，不少企业已经进行了探索。2023 年 7 月，京东科技携手中国工商银行、中国民生银行等金融行业头部金融机构举行了金融行业大模型创新应用启动仪式，共同推进金融行业大模型的研发与应用，助力金融机构业务增长。

凭借在金融行业积累的丰富经验以及数据与场景积淀，京东科技依托言犀大模型发布了一系列金融场景智能应用，进一步提升智能化金融服务的效果与精准性。

在金融服务营销方面，京东科技推出了营销助手"AI 增长营销平台"。该平台简化了营销业务的运营流程，减少了人工参与的环节，大幅提升了营销效率。同时，该平台简洁易用，降低了用户学习与操作的成本，提升了操作效率。在该平台的支持下，金融营销活动方案的产出效率提升了上百倍。

在基金理财方面，京东科技优化了基金筛选流程，推出了"智能选基顾问"。基于大模型在金融领域的知识增强优势，智能选基顾问回答基金筛选问题的准确率达到 90%。同时，其优化了意图识别、多轮对话等沟通环节，提升了用户使用体验。未来，这一产品将向所有金融机构开放，为金融机构的智能化服务提供助力。

基于在金融领域支付、保险、消费金融等方面的多种实践，京东科技为金融机构打造了一套完善的金融解决方案，包括金融工具、金融数据、运营策略等。该方案可以帮助金融机构完善数智化运营体系、获得增长新动能。

面向金融机构，京东科技推出了以用户为中心的增长解决方案——"金融增长云"。金融增长云能够实现消费金融、支付等多种业务的数智化运营，实现用户营销的个性化、精准化和智能决策。金融增长云以"咨询＋技术＋联合运营"的模式提供运营战略咨询服务，为用户提供专业、可落地的运营方案。金融增长云能够帮助金融机构打造数据中台、业务中台、客户中台等数字化底座，提升业务系统的敏捷性。

在实践方面，京东科技携手中信银行推出了智慧魔方项目数字化运营中台，连通了业内多个系统，上线了千余条数字化运营策略，覆盖了海量用户。基于该数字化运营中台，金融产品的点击率大幅提升，营销系统向着敏捷、智能的方向进化。

未来，京东科技将携手更多金融机构加强大模型应用探索，在推动大模型在更多金融场景应用的同时，促进金融场景与大模型应用的协调，用技术创新为金融业务提速。

除了京东科技外，专注于金融营销生态服务的百融智汇云也在大模型与金融领域融合方面进行了探索。百融智汇云旗下的人工智能实验室推出了自主研发的智能语音机器人。其可以实现高频次的自动交互，赋能金融机构精准营销，降低营销成本。

该智能语音机器人基于 Transformer 架构构建，在语音识别、语义理解等方面具有显著的优势。在语音识别方面，可以精准识别用户语音，具备超高的准确率。在语义理解方面，基于预训练模型，可以精准理解语义并进行多轮对话。同时，在交互效果方面，该智能语音机器人的音色、语速都十分自然，且富有情感，能够给用户带来更加真实的人机互动体验。

在落地应用方面，百融智汇云已经与一些金融机构达成合作，将智能语音机器人应用到其业务线中，在降低人工服务成本的同时提高了服务效率。

总之，在大模型的加持下，金融服务营销将变得更加智能，实现"快、准、狠"的精准营销，提升金融机构的服务能力。未来，随着大模型的发展，聚焦垂直领域的金融行业大模型将越来越多，大模型将惠及更多金融机构。

11.3.4　中关村科金：探索大模型在金融领域的应用

基于在金融领域的多年深耕，对话式 AI 技术方案提供商中关村科金凭借通用大模型开发了金融行业大模型，并推出了多款针对金融场景的大模型应用，助力金融机构实现更加智慧的客户服务。

1. 金融服务助手

当前，金融领域的金融服务助手往往存在理解客户意图不够透彻、回答问题不够专业、使用体验不够流畅等问题。中关村科金基于以上痛点和金融机构的需求，推出了以大模型为底座的金融服务助手系列应用。

其中，聚焦保险领域的智能投保助手在大模型的助力下学习了丰富的保险知识，通过融合优秀保险顾问的经验，实现保险知识的深度应用。其能够结合客户实际需求、以往服务经验、对市场的预判等，为客户提供个性化的保险选择建议，并为客户提供自助投保、自助出险等服务。

聚焦财富领域的智能投顾助手能够为对理财有需求的客户提供专业的建议。其不仅能够理解客户的问题，结合最新资料给出专业的回答，还能够根据客户数据分析客户理财偏好，给出更契合客户需求的建议。

2. 智能销售教练

中关村科金聚焦金融领域销售业务推出了智能销售教练。其能够根据销售人员与客户的沟通过程，分析客户情况，找到销售突破点，帮助销售人员分析客户数据并给出专业的销售建议。同时，智能销售教练还能够提醒销售人员关注销售过程中的机会和风险，帮助销售人员高效完成销售任务。

沟通结束后，智能销售教练能够帮助销售人员总结销售过程中存在的问题，并针对其工作中的薄弱环节，模拟真实销售场景，生成模拟对练，帮助销售人员提升在不同场景中的应对能力。

3. 智能决策助手

在日常管理中，管理者难以全面掌握销售人员的工作情况。管理者要想做出科学的决策，就需要收集销售人员、市场环境、客户反馈等多方面的数据。而中关村科金推出的智能决策助手凭借销售业务决策场景的训练，可以"读懂"行业资讯、金融机构的资料等，同时汇总各种渠道的客户行为数据，提炼出客户特征，帮助管理者提升数据获取和分析的效率，实现高效决策。

随着以上三种应用的落地，金融服务将变得更加智能和高效，为客户带来更优质的服务体验。未来，中关村科金将持续推出大模型应用及解决方案，为更多企业提供智能化、定制化的服务。

大模型+智慧城市：
推动城市数字化升级

第 12 章

近年来，科技飞速发展促使城市化进程不断加快，许多城市开始探索智慧城市建设。大模型能够为智慧城市建设提供重要驱动力。基于规模庞大的训练数据和深度学习能力，大模型可以从海量的城市数据中提取关键信息。通过分析信息之间的关联，大模型能够有效地整合城市中各项资源和设施，优化城市资源配置，推动城市数字化升级。本章将从多个角度出发，讲述在不同场景下大模型对智慧城市建设的赋能，以及一些企业在"大模型＋智慧城市"领域的探索实践。

12.1 大模型多场景赋能智慧城市建设

城市系统涉及众多的专业领域，既包括交通规划、建筑工程、市政建设等工程领域，也包括经济发展、社会服务、公共政策等社会科学领域。基于强大的数据分析能力，大模型可以对实时生成的大数据进行初步分析。在具体应用方面，大模型可以在多个场景中为智慧城市建设助力，例如，在优化城市资源配置、预测交通状况、预测降水情况等方面提供多样化、智能化的服务。

12.1.1 优化资源配置，推动城市高效运转

城市资源配置的优化体现在对基础设施、教育资源、医疗资源、环境资源等多种资源的合理分配上。通过分析、预测城市数据，大模型可以为城市规划和管理提供帮助，优化城市资源配置，推动城市高效运转。具体而言，大模型可以从以下几个方面出发，推动城市高效运转，如图 12-1 所示。

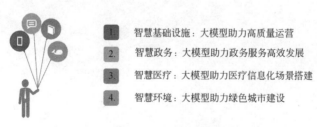

图 12-1　大模型优化城市资源配置的具体应用

1. 智慧基础设施：大模型助力高质量运营

智慧基础设施建设既包括对有线、无线宽带等信息网络的升级换代，也包括

对城市供水、供电、供气、供热管道网络以及道路桥梁等设施的智能化建设。

以智慧供电为例，大模型能够通过收集城市中电力设备的能源使用数据，并分析设备使用状况，判断是否存在供电短缺或浪费的问题；分析影响城市用电量的因素，建立相关性模型，分区域预测未来用电量，进而协助有关机构优化储电、供电设施的布局。

在智慧基础设施建设方面，大模型能够通过对城市数据的收集、分析，实时监测基础设施运行情况，以及时发现问题并提供多种解决方案，协助城市管理者优化城市基础设施布局，推进城市基础设施建设高质量、高效率发展。

2. 智慧政务：大模型助力政务服务高效发展

在政务服务方面，大模型能够通过深度学习对话式 AI 在政务方面的应用经验，推动政务服务高效化、智能化发展。首先，大模型能够严格遵守相关的法律法规和规章制度，合法合规运行。其次，通过构建访问控制系统，大模型能够对市民的身份、财产等隐私信息进行加密，保证数据的安全性。最后，大模型能够保障政务服务具有公平性和可解释性。通过大规模的数据训练和算法升级，大模型能够确保政务服务面向全体市民，并以通俗的表达方式，为市民提供政策解读和政务办理服务，让政务服务更有温度。

2023 年 4 月，百应科技发布政务行业垂直大模型"万机"。该模型深入政务领域，在政策详解、政务办理、反诈普及等方面发挥重要作用。

首先，万机大模型能够整合不同地区的最新政策，及时、准确地为市民提供政策解读服务，解答市民最关心的问题，提高政策的普及度。其次，该模型能够通过和市民对话，并结合历史信息，精准掌握市民的政务需求，为市民提供合适的解决方案。最后，该模型提供 24 小时智能政务服务。市民可以随时查询政策、申请服务，政务服务更加贴心。此外，该模型能够处理日常流程性工作，帮助政务服务中心工作人员提高工作效率。

3. 智慧医疗：大模型助力医疗信息化场景搭建

在医疗领域，大模型可以收集、分析医疗数据，协助医生诊断疾病、制定治疗方案，为患者提供更准确、高效的医疗服务，从而节约医疗成本、提升医疗服务的智慧化水平。目前，GPT-4 已深入医疗领域并实现商用合作，这将给医疗信息化建设、互联网问诊、公共卫生水平提升等方面带来颠覆性变革。

（1）自主建立电子病历。GPT-4 具备多模态输入能力，可以输入患者和医生的对话并提取关键信息，自动生成电子病历，并导入医疗信息化系统。该功能可以节约医生手动输入信息的时间，医生可以更加专注地询问患者情况。

（2）协助医生进行诊断。经过大规模的专业医疗数据训练后，GPT-4 可以根据患者病历和临床治疗信息，了解患者的实际情况，按照概率大小将可能出现的诊断结果排序，给医生提供强有力的决策支撑。随着 GPT-4 不断进行深度学习，其医疗诊断的准确性也会提升。未来，GPT-4 将能够对患者的病情做出更加精准的诊断，从而降低、误诊概率，进一步提升基层医院的医疗服务水平和服务质量。

（3）指导患者线上问诊。在线上问诊方面，GPT-4 依托强大的自然语言理解能力，能够更加灵活地与患者对话。通过从患者的描述中提取、整理患者的基本信息、症状、过往用药史等，GPT-4 能够提高医患沟通效率，实现高效的线上问诊。

4. 智慧环境：大模型助力绿色城市建设

智慧环境建设包括城市污染防治、生态环境保护等多个方面。以大气污染防治为例，大模型能够收集 PM2.5 值、工厂废气排放量、道路汽车通行量等与大气污染相关的数据，并结合已设定的工厂废气排放量、汽车尾气排放量等指标进行数据分析。

基于此，大模型可以判断不同区域造成大气污染的主要因素，并通过建立相关性模型，生成多种大气污染防治方案。在多种方案的基础上，大模型还可以构建评估指标体系，对不同方案的社会效益进行综合评估，以实现低成本、高效的大气污染防治。

大模型可以实时分析获取到的环境数据，结合 GIS（Geographic Information System，地理信息系统）进行环境影响评估，以及时发现环境问题，并生成解决方案。大模型还可以对城市污染排放进行监测、预警和管理，提升城市环境质量，助力绿色城市建设。

12.1.2　预测交通状况，转变交通管理模式

随着经济水平的提高以及路网建设的完善，道路上的车流量增加，交通拥堵现象时有发生。大模型可以赋能智慧城市建设。具体来说，在交通方面，大模型可以对交通状况进行预测，为驾驶员规划线路，保证道路安全。大模型可以从以下几个方面出发，转变交通管理模式，如图 12-2 所示。

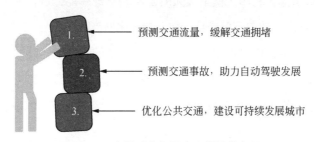

1. 预测交通流量，缓解交通拥堵

2. 预测交通事故，助力自动驾驶发展

3. 优化公共交通，建设可持续发展城市

图 12-2　大模型在交通方面的具体应用

1. 预测交通流量，缓解交通拥堵

大模型能够通过对过往交通数据的分析，建立集成模型，对未来交通流量进行预测。同时，其也能够通过实时收集交通信号灯信息，帮助驾驶员了解前方路段的红绿灯分布情况，并为驾驶员提供可替代路线。此外，其还能够结合预测结果，为交通管理部门提供决策支持，根据拥堵状况调整交通信号灯时序，优化交通流量，改善拥堵的状况。

2023 年 4 月，百度发布了全域信控缓堵解决方案。该方案以多种交通大模型为底层支撑，通过建立机器视觉系统，实时感知交通数据的变化。其能够及时发现并分析拥堵情况，协助交通管理部门优化交通信号灯配时，为驾驶员提供多种路线方案。同时，其不仅能够对常态化拥堵、异常性拥堵提出解决策略，还能够对易造成拥堵的学校、景区等单点单线区进行分析。

该解决方案具有以下四大功能，有效缓解中大型城市的交通拥堵问题。

（1）全域感知。利用来源于百度地图浮动车、交通管理部门监测以及关键路口的智慧监控等多方面的数据，宏观上把握城市交通态势，微观上实时监测主干道、次干道、支干道等交通线路，精准感知交通变化。通过 GNN（Graph Neural Networks，图神经网络）技术，预测各级干道未来车流量，补全车牌轨

迹、交通流量等数据，并对道路关联性进行分析，为细分、优化道路交通布局提供技术支撑。

（2）全域优化。通过宏观、中观与微观交通环境的实时感知，细分交通管理区域，并对区域管理效果进行评估，及时反馈给交通管理部门，形成区域化交通管理的良性循环。

（3）全域协同。利用大模型强大的自然语言理解能力进行人机交互，实现各应用、各系统间高效的信息交互，助力精细化城市管理。

（4）全域服务。借助百度在车载端、手机端的用户触达能力，实时发布交通事故、道路施工、红绿灯状态等信息，帮助驾驶员及时了解前方路况，并为其提供绕行路线、终点附近停车场等交通信息，节约驾驶员的时间成本，优化其出行体验。

2. 预测交通事故，助力自动驾驶发展

大模型可以对过往交通事故进行分析，对事故多发路段进行预测，为交通管理部门进行道路管理提供支持。根据预测结果，交通管理部门可以在可能发生事故的路段增设交通标志、加派巡逻人员。大模型还能够与智能车载健康监测系统相结合，利用存储在云端的驾驶员生理参数，实时监测驾驶员的健康状况，避免驾驶员因过度疲劳而引发事故。

在自动驾驶领域，大模型可以通过对数据集的训练，学习道路交通规则和交通行为模式，借助已有的车载环境感知硬件，如行车记录仪、毫米波激光雷达等，准确感知周围的车辆、行人及其他障碍物，对道路环境建立全面认知。

在紧急情况下，大模型可以迅速判断并采取适当的制动措施，避免事故发生。通过不断的学习和迭代，大模型将能够对自动驾驶系统进行实时更新，以适应日益复杂的道路环境，提高驾驶的安全性和效率。

3. 优化公共交通，建设可持续发展城市

在公共交通领域，大模型可以汇集各级干道的交通流量数据，整合公交、地铁换乘线路及各站点客流量等信息，为市民提供最优乘车路线；实时监测城市交通状态，缩短应急情况处理时间，妥善解决交通问题。

通过收集路面情况、天气变化等方面的数据，大模型可以帮助驾驶员优化行驶路线，进一步提高出行效率。此外，大模型可以结合高精度传感器监测路面磨损情况，自动向有关机构发出警报，防患于未然，提高道路安全性。

利用模拟退火和粒子群优化算法，并结合多个空气质量指标，大模型能够辨别空气中的污染物质。同时，大模型能够通过对城市交通系统的全面分析，拟定可增加的公共交通线路，在有效缓解交通拥堵的同时，减少污染物排放，助力节能减排和可持续发展城市建设。

12.1.3　降水预测大模型，实现气象预报精细化

气象预报不仅在人们的日常生活中起着不可或缺的作用，还在低碳经济发展、生态环境保护乃至人类文明的可持续发展方面有着重大意义。近年来，极端天气事件频发，为应对气候变化、保护市民的生命财产安全，气象预报技术不断更新迭代，力求提高预报精度，实现气象预报智能化、精细化。在大模型与气象预报深度融合方面，一些企业已经进行了探索，以下面三种大模型为例进行深入讲述。

1. 深度学习模型 MetNet-2：预测未来 12 小时的天气

2021 年，谷歌发布了深度学习模型 MetNet-2，与其前身 MetNet 一样，MetNet-2 也是一种深度神经网络。深度学习模型为气象预测提供了一种全新的思路：根据观测到的数据进行气象预测。相较于以大气的物理模型为基础进行预测，基于深度学习模型的气象预测在一定程度上打破了高计算要求的限制，在提升预测速度的同时，扩大预测的范围，提高预测的准确性。

相较于 MetNet，MetNet-2 的性能有了显著提升。谷歌将该模型的预测边界由 8 小时扩大至 12 小时，同时保持空间分辨率精确到 1 公里内，时间分辨率精确到 2 分钟。

在预测过程中，MetNet-2 直接与系统的输入端和输出端相连，进行深度学习，从而大幅减少预测所需的步骤，提高预测结果准确性。该模型以雷达和卫星图像作为输入信息来源，并将物理模型中的预处理启动状态作为额外天气信息的预测基础，以捕获更全面的大气快照。

2. 极端降水临近预报大模型 NowcastNet：预报时效可达 3 小时

极端降水临近预报大模型 NowcastNet 由清华大学和我国气象局联合研发，使用了近 6 年的雷达观测数据进行训练。针对全国范围内的极端降水天气，该模型能够提供更加精准的预报服务。

在大型雷达数据集的测试中，NowcastNet 能够更加清晰、准确地预测强降水的强度、下落区域和运动形态等气象信息，并对强降水超级单体的变化过程进行精准预测，在极端降水临近预报方面展现出巨大的应用价值。

NowcastNet 将深度学习技术与传统物理学理论相结合，能够提供长达 3 个小时的强降水临近预报，弥补了国际上对极端降水预报研究的不足，为城市精准防控极端天气提供了技术指导。

3. 盘古气象大模型：精准预报助力多领域发展

2023 年 7 月，华为推出的盘古气象大模型登上《自然》杂志正刊。通过建立三维神经网络结构并结合层次化的时间聚合算法，该模型能够更加精准地提取气象预报的关键要素，如风速、温度、空气湿度、大气压、重力势能等。在台风路径预测方面，该模型能够将台风位置的误差降低 20%。在气象预报常用的时间范围上，该模型能够提供未来 1 小时至 7 天的气象预测。

盘古气象大模型能够与多个场景结合，为城市管理、企业发展提供技术支持。在气象能源领域，该模型可以为相关企业提供及时、精准的气象数据，协助企业更好地管理能源生产和消耗。在航空航天领域，该模型提供实时气象数据，有助于机场更好地管理飞机，提升航空飞行效率。在农业生产领域，该模型为相关企业提供精准的气象预测服务，为农产品的质量保驾护航。在智能家居领域，该模型与家用设备相结合，实时监测室内的温度、湿度，优化市民居家体验。

12.2 城市安防：大模型引领安防创新

随着智慧城市建设不断深入，智能安防系统也与时俱进。近年来，城市安防向着精确化、高效化的方向不断发展。城市监控成像性能不断提升、边缘计算和 5G 技术不断发展，都为大模型下沉安防场景奠定了基础。通过深度学习，大模型能够不断优化内部算法，自动识别文字、图像等多种数据，及时整合城市安防信息，助力城市安防智能化发展。本小节将对安防智能化进行深入研究，探讨多模态大模型在安防场景中的具体应用。

12.2.1 大模型助力安防智能化

当前，随着 AI 在安防领域的深度应用，安防行业呈现"无 AI，不安防"的发展趋势。AI 在人体分析、车辆分析、目标跟踪监测、异常行为分析等方面发挥着重要作用，广泛应用于各种安防场景中。

大模型的爆发，能够为安防行业提供更强大的智力支持，助力构建全流程智能化安防系统。其具备优秀的泛化能力，能够更好地适应新鲜样本，及时收集、分析样本信息，提高模型精度，从而更好地应对各种复杂的安防场景。

首先，安防领域的智能应用比较安全可靠，但也存在灵活性不足的缺陷，难以满足安防场景不断更新的需求。与之相对的，大模型拥有更强大的通用能力和开发能力，大幅降低了智能安防应用的定制化开发成本。企业可以基于大模型上传安防数据，训练聚焦安防场景的安防大模型。

大模型能够自动进行机器学习，通过知识蒸馏技术与量化技术，将学习到的知识和推理能力迁移到安防大模型上。在接受训练后，安防大模型能够作为新鲜样本向大模型反馈训练成效，如此循环往复。这种训练模式能够大幅降低人工收集数据的成本，同时提高大模型的精度，使其对安防场景中的异常情况做出快速反应。

基于大模型的能力支持，安防大模型能够适配校园、医院、住宅等多种安防场景。例如，在校园安防场景中，安防大模型能够与电子门锁相关联，设置教室、宿舍、办公室等区域的门锁权限；与高精度摄像头的人脸识别功能相结合，完善刷脸进校系统和 24 小时机器人巡逻系统，保证学生、教师以及其他工作人员的人身、财产安全。

其次，大模型能够为安防领域提供更准确、更智能的解决方案。基于大模型的智能安防系统不仅能够基于对历史数据的学习，实现对未知事件的快速响应，还能够通过对数据的分析，对可能发生的事件进行预测，为安防决策提供智能化支持。同时,基于多模态技术,智能安防系统能够将文本、图像、视频等数据融合,实现全面、准确的安防预警。智能安防系统还能够通过对图像、声音的分析,实现目标行为识别与异常检测。

最后,基于高分辨率的成像设备,大模型能够提取更加详细、微小的实物特征。例如,对人物外貌特征、面部表情的识别和分析,对车辆颜色、型号的精准判断等,有助于节约人力资源,提高安防工作的效率。

在大模型与安防的融合应用方面,不少企业已经做出了尝试,并有了一些成果。2023 年 6 月,"第十六届中国国际社会公共安全产品博览会"在北京召开。此次博览会以"自主创新、数智融合、赋能安防、服务社会"为主题,展示了诸多安防技术与产品,展示了大模型、人体生物特征识别、物联网等技术在公共安全领域的应用。

在会上,人工智能方案提供商联汇科技面向安防行业智慧化升级的需求,展示了视觉大模型能力服务、基于大模型的智能助手、城市基础数据分析平台等多种产品;面向安防产品制造商、解决方案提供商等企业客户,提供智能化技术及产品,助力安防行业数智化发展。同时,联汇科技对旗下视觉语言预训练大模型的能力、相关产品与服务、应用场景等进行了讲解,得到了许多观众的好评。

此次博览会颁发了"第八届优秀创新产品重大行业创新贡献奖",联汇科技的视觉操作平台 OmVision OS 斩获"创新产品奖重大贡献奖",这证明了联汇科技在安防领域的强大实力。未来,联汇科技将凭借大模型的支持,推动旗下各种安防产品落地,为客户提供优质的体验与服务,助力安防智能化发展。

随着大模型的发展,其与安防行业的融合将不断加深,智能安防领域的竞争将更加激烈,推动安防行业智能化发展。随着大模型在安防领域的普及,智能安防解决方案将在更多安防场景落地。

12.2.2　多模态大模型成为智慧安防新风口

多模态机器学习要求大模型能够处理视觉、文字、声音等多种模态的信息,并将其整合、关联起来。通过利用多种不同来源的信息,多模态大模型可以减少单一模态的不确定性,以获得更加全面、准确的特征表示,进而扩展大模型的应用范围，使其适用于多个任务场景。

2023 年 5 月，360 公司发布了"360 智脑—视觉"大模型。360 公司的创始人认为，大模型多模态能力增强的核心是借助大语言模型的认知、推理和决策能力。360 公司将视觉感知能力与 360 智脑大语言模型相结合，针对不同的安防场景对大模型进行微调，提供定制化的安防方案。"360 智脑—视觉"大模型主要具有以下三种能力。

（1）开放目标检测。在部分安防巡店场景中，出现了人为遮挡、偏移摄像头的干扰现象。而"360 智脑—视觉"大模型具备开放目标检测功能，能够解决以上问题。基于用户输入的开放性的描述语言，如"墙上的白色中文 Logo"，该模型可以精准理解文字含义，进而通过摄像头做出相应识别。

此外，在车辆检测中，开放目标检测可以基于大模型的自然语言理解能力，迅速、精准统计车辆数量；也可以根据客户需求，统计特定车型数量，如蓝色两箱式轿车、红色卡车等。

（2）图像标题生成。该能力旨在让大模型以人类的思考模式理解图片内容。"360 智脑—视觉"大模型可以快速标注、提取出图片中的主要信息，如一个中年男子躺在白色地板上、黑色的鸟在雨中飞翔等，避免因图片和文本相似，导致用户在检索时无法高效地获取信息。

（3）视觉问答。在实体店巡检场景中，"360 智脑—视觉"大模型能够使视觉问答的交互更加自然。巡检人员通过语言描述把想要检查的项目表述出来，大模型就可以分析图片，进而输出巡检项目打分表。

"360 智脑—视觉"大模型还可以应用于其他安防场景。例如，在物品存放方面，该模型能够通过对区域进行分割，运用开放目标检测功能对各区域的分割形状进行实时监测，确保其未发生变化，保障存放的物品完好无损；在设备巡检方面，该模型能够通过深度估计的方法，监测设备位置，分析设备是否发生偏移。

目前，"文本—视觉"多模态大模型能够进行视觉对话、文本解释，并根据文本生成图像。未来，大模型将接入音频、视频等模态，进一步丰富数据类型。在此基础上，能够进行语音识别、多模态生物识别的智能安防应用将出现。

（1）语音识别：智能安防机器人。在安防领域，以智能巡检机器人为代表的智能安防机器人逐渐出现在住宅区、商业区。智能安防机器人能够通过内置麦克风接收外界声音，并对人声进行识别和分析，进而判断目标人物是否陷入危险。在必要情况下，智能安防机器人会触发报警系统，进入防御状态，从而为目标人物提供安全防护。

（2）多模态生物识别：智能视频监控。智能视频监控以人脸识别技术为核心，能够通过智能语音识别技术进行声纹识别，将说话的人的声纹信息与数据库中的声纹信息进行比对，迅速确定说话的人的身份。多模态生物识别使视频监控的识别准确率得以提升，视频监控更为智能化。

未来，在多模态大模型的支持下，能够进行文本分析、图像分析、音频分析、视频分析的智慧化安防系统将出现。多模态数据的融合分析将大幅提升安防系统识别危险、进行危险预警的准确性，更好地满足多样化的安防需求。

12.3　探索智慧城市应用，企业在行动

随着"碳达峰"和"碳中和"目标的提出，全国各省市加快了建设智慧城市的步伐。大模型不断发展为智慧城市建设注入了全新动力。其与5G、AI、物联网等技术融合，通过深度学习，不断突破算力、算法限制，推动城市在交通、建筑、公共服务等方面实现创新发展。下面以"文心一言"大模型、"孔明"大模型以及"通义千问"大模型为例，介绍科技企业在大模型领域的创新成果，以及它们在城市建设方面的积极尝试，展现大模型从技术突破到应用落地的无限可能。

12.3.1　"文心一言"大模型＋哈尔滨：推进城市智慧化建设

2023年2月，黑龙江省哈尔滨市融媒体中心官方客户端"冰城＋"宣布与百度"文心一言"大模型开展深度合作。以对话式大语言模型为技术支撑，"冰城＋"客户端将对其内部系统进行全面升级，促使大模型下沉新媒体行业，为用户提供更加及时、详尽的新闻内容和政务服务。

"冰城＋"客户端于2021年上线，是哈尔滨市新闻资讯的新媒体传播平台，

致力于为市民推送权威、及时的新闻资讯和政务信息。其与央视新闻、哈尔滨日报、哈尔滨广播电视台等多家新闻媒体合作，实时更新教育、文化、财经、体育等领域的新闻。其下设"冰城 60s"专栏，以 60 秒视频的形式，提供气象预报、汽车限行尾号变更、防范电信诈骗等市民关注的生活信息。

在新闻传播方面，"冰城 +"客户端与"文心一言"大模型相结合，能够为用户提供更加个性化的新闻。通过收集用户在该客户端上的浏览数据，包括主要浏览时段、浏览新闻种类、界面停留时长等，大模型能够分析出用户的阅读习惯和阅读偏好。在接入大模型后，"冰城 +"客户端能够为用户设计个性化的新闻推荐界面，保障用户及时接收到其感兴趣的时事热点。

"文心一言"大模型具备自然语言处理能力。通过深度学习当下的热门网络词汇，其能够分析和处理新闻，将专业性很强的新闻转变为更加通俗、生动的表述，从而提高新闻传播效果，优化用户的阅读体验。

在网络问政方面，"文心一言"大模型能够为"冰城 +"客户端打造智能化问政平台提供底层技术支撑，推动网络问政智能化、高效化发展。在自然语言处理技术的支持下，用户不再依赖传统的同城网站，可以直接在平台上提问。大模型能够针对用户的问题描述，结合其阅读兴趣，为其提供更为全面的答案。

同时，"文心一言"大模型能够实时监测用户在平台上的留言。通过收集原始留言数据、清洗重复性文字和无意义的网络符号、补充缺失的语句，大模型能够将用户留言进行准确分类，按照问政数量从大到小的顺序排列各类问题，发现用户最为关注的热点问题，及时反馈至有关部门。

对于有关部门来说，大模型能够对用户的历史问政信息进行分析，协助其为用户提供更加合理的解决方案。同时，大模型能够实时追踪政务服务的全部流程，确保用户的问题及时得到解决，并根据用户的反馈意见，对解决效果进行评估。

在城市生活服务方面，"文心一言"大模型能够对用户的个人信息、家庭信息进行系统化整理。在确保用户信息安全的基础上，"冰城 +"客户端还打造了一站式缴费平台，便于用户随时、快捷缴纳水费、电费、燃气费等费用。

此外，"文心一言"大模型能够结合最新的气象预报技术和交通管理数据，为用户提供未来几天的气象状况、汽车限行尾号变化、实时路况等多种信息，方便用户规划出行路线。不仅如此，通过收集微信公众号、小红书等多种来源的信息，该模型能够为用户提供美食、旅游、健身等方面的信息，提高用户生活幸福感，带动整座城市的经济发展。

"冰城＋"客户端与"文心一言"大模型的结合，是哈尔滨市智慧城市建设迈出的一大步。基于强大的学习和分析能力，大模型能够将哈尔滨市各部门、各领域的专业知识进行整合，构建统一的预训练模型，提升各个行业客户端开发的效率。

作为率先接入"文心一言"大模型的官方客户端，"冰城＋"客户端致力于推动先进技术下沉到更多应用场景，构建更加智能、全面的城市服务平台。未来，"文心一言"大模型与哈尔滨市的合作将不断加深，推动哈尔滨市数字经济发展，让大模型技术为产业发展、公益服务等贡献力量。

12.3.2 "孔明"大模型，实现城市治理增效

2023 年 4 月，城市数据智能服务科技企业软通智慧发布"孔明"大模型。该模型面向城市治理领域，旨在协助城市治理部门更加高效地利用数据资源，提高城市治理的效率和质量，推进智慧城市建设。

该模型具备强大的泛化能力，能够快速整合各行业的知识，为适应多种治理场景奠定基础。同时，该模型具备强大的推理能力。通过分析有关数据，其能够自动生成治理事件，并将事件分类，从而协助城市治理部门制定相关方案，提高城市治理效率。

该模型还具备良好的工程化能力，能够准确理解用户的部署需求，降低用户操作难度；为隐私数据设置权限，为用户信息安全保驾护航。该模型搭载多个业务插件，如"城市慧眼""一语通办"等。其内部搭载庞大的行业知识库，为用户提供便捷、准确的业务信息查询、办理等服务，助力城市治理降本增效。

在环境治理领域，"孔明"大模型聚焦城市垃圾分类、河流污染治理等难题。在垃圾分类方面，"孔明"大模型依托深度学习能力，能够对各个城市的垃圾分类标准进行深度学习，协助城市治理部门做好垃圾分类科普宣传。一方面，该模

型以通俗易懂的语言解释不可回收垃圾、可回收垃圾、厨余垃圾、有害垃圾的内涵，助力市民准确地进行垃圾分类；另一方面，该模型可以与电脑端、手机端软件相结合，加大垃圾分类相关信息的推送力度，在潜移默化中让市民树立垃圾分类意识。

"孔明"大模型能够推动垃圾自动分类器的进一步发展。基于大规模的数据训练，该模型能够更加精准地识别不同类别的垃圾，实现垃圾检测、垃圾批量分类；能够与地埋式垃圾箱结合，通过桶内传感器实时监测垃圾量，及时压缩、清理垃圾。此外，该模型也能够与桶外传感器相连接，对垃圾桶周边的温度、湿度进行监测，做好危险预警，避免高温环境下垃圾自燃，提高垃圾分类工作的安全性和效率。

在河流污染治理方面，"孔明"大模型能够结合各类传感设备，对河流流量、pH 值、重金属、塑料等数据进行检测，及时将数据整合上传至云端。通过对数据的深度挖掘和学习，并结合河流历史数据与周边环境数据，该模型能够准确判断造成河流污染的具体原因，并对未来水质的变化趋势进行预测。基于相关数据分析结果，大模型能够提出有针对性的治理方案。通过远程控制，其能够协助城市治理部门进行水体过滤系统安装、药剂投放等操作，有效治理河流污染，促进城市水循环良性发展。

在消防安全领域，"孔明"大模型能够针对不同用途的低、高层建筑，划分不同区域，结合各区域历史火灾情况、区域内生态环境以及近期气象状况等多方面信息，对建筑物火灾风险进行评估。针对城市出现频率较高的电气火灾，该模型能够通过对室内温度、电压、电流、漏电保护器使用情况等多种电力指标进行监测，进行电气火灾相关性分析，及时发现火灾隐患，防患于未然。

在大模型的助力下，城市治理迎来全新的变化。"孔明"大模型的不断创新，能够带动城市基础设施建设数智化发展。未来，"孔明"大模型将整合城市治理数据，在智慧停车、社区服务、安保巡查等方面发挥积极作用。通过不断研发创新，"孔明"大模型将会深入各行各业，以强大的能力满足用户需求，让城市公共服务更有温度、更有水平，促进城市治理降本增效，为城市发展注入新的动力。

12.3.3 "通义千问"携手"灵锡"，加深数字化城市探索

2023 年 4 月，江苏省无锡市城市服务客户端"灵锡"正式接入阿里云"通义千问"大模型。借助"通义千问"大模型的多模态知识理解能力，"灵锡"客户端将对其内部系统进行全面升级，助力政务服务、公共服务水平不断提升，深入探索数字化城市建设。

"灵锡"客户端于 2020 年上线，是江苏省无锡市数字化公共服务官方客户端。该客户端覆盖教育、医疗、交通、文化、就业、社会保障等多个领域，为用户提供丰富、便捷的城市公共服务。该客户端设有"便民地图"板块，为用户提供所在区域周边的医疗机构、教育培训机构等相关信息。

针对儿童群体、老年人群体、残疾人群体，"灵锡"客户端能够提供相应的母婴服务、药店位置、康复机构等相关信息。作为一个能够提供近千项公共服务的大型客户端，"灵锡"客户端借助"通义千问"大模型强大的自然语言理解能力和智能问答能力，提升自身的服务效率和服务水平。

"灵锡"客户端注重教育模块的开发和建设。通过与"通义千问"大模型相结合，"灵锡"客户端能够整合教育资料，为用户提供有针对性的教育服务。基于"通义千问"大模型强大的中文语义理解能力和迁移学习能力，"灵锡"客户端打造了庞大的教育资源数据库，提供从幼儿园到高三年级各阶段、各学科的电子版教师用书。同时，该客户端能够根据最新的教育政策，及时更新数据库内容。

"灵锡"客户端还与无锡市电子地图相结合，将无锡市各类教育培训机构按所在区域、是否面向义务教育进行划分，帮助用户更加快速地查询有关内容。

在交通出行方面，"灵锡"客户端基于"通义千问"大模型整合、分析无锡市交通数据，能够为购买电动汽车、油电混合汽车的用户提供加油站、汽车充电桩等信息。该客户端与无锡市交通设施相连接，能够及时为用户提供交通设施故障信息；与无锡市公安政务服务平台相连接，方便用户随时查询交通违章记录并缴纳罚款。

在文化旅游方面，"通义千问"大模型整合无锡市各大博物馆以及知名历史建筑信息，为"灵锡"客户端开通博物馆预约、景点查询等服务提供支持，助力

无锡市旅游产业发展。此外，"通义千问"大模型汇集大量图书信息，助力"灵锡"客户端打造数字图书馆，支持用户在"灵锡"客户端一键借书，促进无锡市文化产业发展。

作为无锡市综合性城市服务平台，"灵锡"客户端与"通义千问"大模型结合，旨在优化用户使用体验、提升用户幸福感，助力无锡市实现数字化升级。

未来，"灵锡"客户端将借助大模型，不断优化内部系统，提供面向更多场景、用户的公共服务，搭建城市数字生活全领域、一站式服务平台，为无锡市智慧城市建设添砖加瓦。